奶牛粗饲料实用技术手册

蒋林树　陈俊杰　张　良　主编

中国农业出版社

北京市属高等学校高层次人才引进与培养计划项目
现代农业产业技术体系北京市奶牛创新团队
国家“十二五”科技支撑计划
新世纪百千万人才工程项目

编写人员名单

主　　编	蒋林树	陈俊杰	张　良
编写人员	熊东艳	张　良	王秀芹
	孙春清	苏明富	蒋林树
	陈俊杰	李振河	王云飞
	王林茹	张　翼	张庆国
	杨昭臣		

前 言

新中国成立后，我国奶业取得了巨大的成就，特别是最近的30年内，中国奶业得到飞速发展。我国已由贫奶国家成为产奶大国，中国奶牛养殖业走过了数量增长型发展阶段，正逐步迈进质量效益型阶段。经过近几年我国奶业的整顿和振兴，中国奶业产业素质不断提升，奶牛标准化规模养殖加快推进，奶牛单产水平稳步提高，生鲜乳质量和安全得到进一步保障，现代奶业格局已初步形成。

2013年是我国奶牛养殖业结构调整的关键一年，受散户退出和牛肉价格上涨的影响，我国奶牛存栏量和牛奶产量均出现不同程度的下降，全国牛奶产量3 531.42万吨，较2012年下降212.18万吨，下降5.7%，奶牛存栏量下降10%左右，是近10年来我国牛奶产量和奶牛数量的最大降幅。2013年，受奶源紧张及需求增长的影响，导致我国原料奶和乳制品价格一路走高，奶牛养殖效益好于往年，是近年来奶牛养殖效益最好的一年。中共十八届三中全会以后，我国新一轮城镇化的大幕已经拉开，伴随着经济增长、收入提高以及城镇化带来的食物消费行为与消费方式的改变，乳制品的刚性需求仍将持续增长。

在奶业快速发展和形势总体向好的同时，还要清醒地意识到矛盾和问题的存在、困难和挑战的并存。突出表现为饲养科技水平较低，对奶业发展支撑能力不强。总体看，目前我国奶业生产效率较低，制约我国奶牛单产水平低［5吨/（头·年）］、饲料转化效率低（每千克干物质产0.8千克标准奶，而发达国家在1.5千克以上）的一个主要因素是我国绝大多数奶牛到目前为止还不能吃到优质饲草，充分表明我国优质饲草在奶牛日粮中的应用还很不普遍，未能有效支撑奶业发展。饲草供应，严重不足。保守估计，我国每年需要2亿吨豆科饲草，目前我国商品苜蓿草的供应量还不足100万吨，其中进口就占了一半。加快发展我国的苜蓿种植业和因地制宜种植其他优质牧草品种是当务之急。

经过多年的沉淀和发展，我国奶业正逐渐进入转型期，转型的目标是建设现代奶业。具体如何加快现代奶业的发展，总结概括为“十化”，即品种良种化、养殖规模化、生产标准化、装备现代化、饲料专业化、免疫程序化、粪污无害化、产业一体化、监管法制化、质量优质化。其中，饲料专业化是现代奶业建设的关键。

饲料专业化是现代奶业的一个重要特征，日粮是奶牛生产的重要物质基础，没有营养全面、均衡的日粮，就很难确保奶牛的健康、高效和优质。大力推广适合不同生产管理条件、资源特点、生产水平和规模程度的奶牛日粮标准、饲喂程序和管理措施，做到饲料营养平衡、调制科学、饲喂精心、管理精细，确保奶牛的遗传潜力得到充分发挥。首先，要保证充足的粗饲料和精饲料的供应，为奶牛提供良好的饲料基础，充分发挥奶牛产奶潜力。其次，要转变理念，进行专业化生产和配给。根据奶牛生理特点和泌乳阶段，科学的配制奶牛日粮，聘请专业人员制作日粮配方或专业公司生产饲料，检测饲料原料营养成分，保证配方组成与原料相辅相成，满足奶牛的营养需要。最后，要转变饲喂方式，改变精粗分饲为全混合日粮（TMR）饲喂，保证奶牛一定精粗比例、营养齐全的全价日粮，有利于稳定瘤胃环境，提高饲料转化效率。

目前，奶牛业发展状况已成为衡量一个国家农业现代化水平的重要标志。而在奶牛业发展中，粗饲料的品质、调制和供给起了重要作用。饲草料的质量，直接关系到牛奶的安全、风味及营养，因此，国家为保证牛奶的质量安全，实施了“优质苜蓿生产项目”。通过推进苜蓿产业化，从而强化科技支撑、突出产品质量和转变传统饲草生产加工方式，来实现苜蓿增产提质，并逐步建立健全我国新型的苜蓿饲草产业体系，为奶业生产提供优质牧草、为现代奶业建设和奶业又好又快发展提供保障。

编　者

CONTENTS

目录

前言

第一章　奶牛粗饲料概述 …………………… 1

一、粗饲料的概念 …………………………… 1
二、粗饲料的特点 …………………………… 3
三、粗饲料在奶牛饲养中的重要作用 ………………………………………… 4
四、粗饲料在奶牛体内的消化吸收 …… 5
五、在奶牛饲养中存在的粗饲料问题及造成的不良后果 ……………… 6

第二章　天然野生牧草 …………………… 8

一、稗子 ……………………………………… 8
二、芦苇 …………………………………… 10
三、狗尾草 ………………………………… 14
四、萹蓄 …………………………………… 16
五、冰草 …………………………………… 18
六、鹅观草 ………………………………… 21
七、芨芨草 ………………………………… 23

八、狗牙根 …… 25
九、牛筋草 …… 28
十、野豌豆 …… 31
十一、胡枝子 …… 33
十二、歪头菜 …… 36
十三、羊草 …… 38
十四、赖草 …… 40
十五、丛生隐子草 …… 43
十六、拂子茅 …… 45
十七、鸡眼草 …… 46
十八、马蔺 …… 48
十九、马唐 …… 50
二十、牛鞭草 …… 51
二十一、披碱草 …… 53
二十二、小糠草 …… 58
二十三、野黍 …… 59
二十四、野燕麦 …… 61

第三章　人工栽培牧草 …… 63

一、紫花苜蓿 …… 63
二、苏丹草 …… 69
三、黑麦草 …… 75
四、燕麦草 …… 84
五、草木樨 …… 88
六、紫云英 …… 92
七、三叶草 …… 100
八、沙打旺 …… 108
九、聚合草 …… 112
十、毛叶苕子 …… 116

第四章　青刈饲料 …………………………………………… 119

一、青刈玉米 ……………………………………………… 119
二、草高粱 ………………………………………………… 122
三、雀麦草 ………………………………………………… 127
四、燕麦 …………………………………………………… 132
五、黑豆 …………………………………………………… 137
六、蚕豆 …………………………………………………… 139
七、甘蓝 …………………………………………………… 144
八、甜菜根 ………………………………………………… 146

第五章　青绿牧草饲料毒性 ……………………………… 150

一、青绿饲料中的有毒物质及毒性………………………… 150
二、影响牧草和饲料作物毒物含量的因素 ……………… 154

第六章　奶牛青贮饲料 …………………………………… 158

一、青贮饲料的制作方法 ………………………………… 158
二、青贮饲料的质量及利用 ……………………………… 177

第七章　常见中草药的利用 ……………………………… 185

一、中草药饲料添加剂 …………………………………… 186
二、中草药添加剂在奶牛生产中的应用 ………………… 188
三、常见中草药 …………………………………………… 193

主要参考文献 ……………………………………………… 258

第一章 奶牛粗饲料概述

饲料是奶牛赖以健康生存、产奶、繁殖的能量源泉和物质保障。饲养管理则是实现从饲料到牛奶，充分发挥奶牛遗传潜力的重要手段。在我国，随着奶牛品种的不断改良以及集约化程度的日益提高，饲料与饲养管理的好坏已成为现代奶业进一步发展的“瓶颈”。在美国，一头高产牛在一胎中的产奶量可以达到其自身体重的20倍。而我国大多在8～12倍之间。其间的差距除遗传因素外，饲料与饲养管理因素以及奶牛环境的舒适程度占有很大比重。国外奶牛场主的经验：优质的牧草供给，良好的奶牛关怀和奶牛场管理者与职工、奶牛营养顾问之间的密切交流是奶牛场经营成功的三大法宝。而奶牛干物质采食不足，畜牧水平低下，不能持之以恒（每天重复做同样的事，坚持饲料分析、饲养、记录，及时清粪等基础工作）则是奶牛场的三大障碍。总之，做到自始至终善待奶牛才是高产成功的秘诀。

奶牛全日粮由粗饲料、精饲料（或称精料补充料）和辅料组成。长期以来，人们多把注意力集中于精饲料和辅料，对粗饲料而言，一般不被重视，也不愿意在粗饲料上有较高的投入，这其实是一个极大的误区。有一句话讲，有优质粗饲料者，得顺利养牛的天下，这表明粗饲料对奶牛生产的重要性。奶牛饲养中粗饲料的问题如能解决，奶牛生产中的大部分问题都会不治而愈。

一、粗饲料的概念

在奶牛饲养业中，粗饲料是指饲料天然水分含量在45%以下，干物质中粗纤维含量大于或等于18%的一类饲料。该类饲料包括干草类、农副产品类（农作物的荚、蔓、藤、壳、秸、秧等）、树叶类、糟渣类。这类饲料质地粗、体积大、适口性差、不易消化，但一般都含有较多的矿物质，对促进畜禽骨骼发育有良好作用。将粗饲料适当加工、调制后饲喂畜禽，既耐饥又防泻，是促进养殖业节粮、增效的有效途径。具体来讲，粗饲料主要有以下几大类：

1. 青绿饲料 这类饲料水分高、能量低，粗蛋白质、维生素、矿物质和微量元素含量丰富，适口性好，奶牛喜食，是发展奶牛业不可缺少的饲料来源。对泌乳期的高产奶牛，要选择粗纤维较高的青绿饲料为好，饲喂量不应超过粗饲料总喂量的50%。

2. 青贮饲料 这类饲料有较长时间保存营养成分的优点，可调节冬春枯草季、青绿饲料的不足。饲喂青贮饲料时应由少到多，逐渐增加喂量，使奶牛有个适应的过程。

3. 青干草 以细茎的牧草、野草或其他植物为原料，在结籽前刈割其地上部分，经自然晒制人工烘烤蒸发其大部分水分，干燥到能长期贮存的程度，即称之为干草。这类饲料品种较多，各类青绿饲料均可调制。青干草品质的优劣，通常根据植物种类、生长阶段、色泽、茎叶多少、气味、杂质含量等感官指针来评定。更进一步的比较，则要进行实验室营养分析来确定。青干草的调制方法不同，其营养的损失也不同。有的损失很大，有的则几乎没有什么损失。例如，用人工脱水干制方法调制青干草，损失的养分极少，是饲喂奶牛最基本、最主要的饲料。饲喂时应适当切短，避免采食中的浪费。

4. 秸秆饲料 是指各种作物在收获籽实后的秸秆用作饲料，包括茎秆与叶片两部分。其叶片含营养成分较高，故叶片损失越少，其相对营养价值越高。常用的秸秆饲料主要有：玉米秸、高粱秸、麦秸、谷草、稻草、大豆秸、豌豆蔓等。这类饲料来源广、数量大，是饲养奶牛最廉价的饲料，但由于其中所含的粗纤维含量高，利用价值低，最好经处理后再饲喂。

5. 秕壳饲料　这是农作物在收获脱粒时的副产品，包括包被种子的颖壳、荚皮及外皮等物。如麦糠、米糠、稻壳、豆荚等。稻、麦等秕壳有芒，用它饲喂家畜时要进行预处理，一般是通过浸泡使其变软。

6. 树叶类　春夏季的树叶嫩枝水分含量较高，粗纤维含量较低，因而可划归青绿饲料类；而秋季的落叶则粗纤维含量增高，水分含量下降，应当为粗饲料之列。

二、粗饲料的特点

1. 资源广、成本低　粗饲料是牛最基本、最主要、最廉价的饲料。在牧区，草食家畜的发展，是以草原牧草为后盾的；在农区和半农半牧区，草食家畜的发展，是以农作物秸秆和野草为主要支撑的，这些在我国三大农牧结合地区较容易获得。

2. 营养价值低　粗饲料其主要的化学成分是木质化和非木质化的纤维素、半纤维素，营养价值通常较其他类别的饲料为低，其消化能含量一般不超过 10.46 焦耳/千克（按干物质计），有机物质消化率通常在 65%以下。粗纤维的含量越高，饲料中能量就越低，有机物的消化率也随之降低。一般干草类含粗纤维 25%～30%，秸秆、秕壳含粗纤维 25%～50%。不同种类的粗饲料蛋白质含量差异很大，豆科干草含蛋白质 10%～20%，禾本科干草 6%～10%，而禾本科秸秆和秕壳为 3%～4%。维生素 D 含量丰富，其他维生素较少，含磷较少，较难消化。从营养价值比较：干草比蒿秆和秕壳类好，豆科比禾本科好。绿色比黄色好，叶多的比叶少的好。

3. 粗纤维含量高，适口性差　消化率低的粗饲料，其质地一般较硬，粗纤维含量高，适口性差，因而家畜对此类饲料的利用有限。但由于粗饲料容积较大，质地粗硬，对家畜肠胃有一定刺激作用，如对牛而言，这种刺激有利于其正常反刍，是饲养过程中不可缺少的一类饲料。另外，粗饲料虽然营养价值低，但体积大，若食入适量，可使机体产生饱食感。

三、粗饲料在奶牛饲养中的重要作用

奶牛作为一种反刍动物，其最基本的特征就是能够高效的利用纤维成分作为营养和能量来源。粗饲料除了提供常规的营养物质之外，还具有以下重要作用：促进奶牛反刍和唾液分泌，维持瘤胃的内环境；促进奶牛消化道蠕动和食糜的排空；维持挥发性脂肪酸中乙酸的比例，维持正常的乳脂率；促进后备牛前胃的发育；充盈胃肠道增加饱腹感，可在某些特殊的生理阶段如干奶期，控制奶牛采食量；为母牛提供营养物质，奶牛每天由奶中分泌出大量的营养物质，因而对营养物质的需求也多。

粗饲料对奶牛来说相当重要，这主要是由粗饲料中的纤维成分决定的。首先，纤维对蛋白质和能量的代谢有重要作用。反刍动物一个特征性的消化过程就是，会采食大量的饲料，并在稍后时间进行反刍，通过反刍把饲料进一步咀嚼。反刍不仅可以使再分泌的大量唾液进入瘤胃，同时还可降低饲料的颗粒度，这些唾液维持了发酵所需的正常瘤胃内环境。奶牛每天需要的中性洗涤纤维不能低于体重的0.9%，否则正常的反刍活动就会受到影响，继而导致奶牛瘤胃功能紊乱，出现一系列的代谢问题。这也是饲喂低纤维高能量含量的日粮（精饲料比例高）导致代谢性疾病多发的主要原因。另外，研究表明饲喂低纤维高能量日粮还会使挥发性脂肪酸的产物由乙酸转为丙酸和乳酸，从而导致乳脂合成受阻，牛奶品质下降。

但是，饲料中的中性洗涤纤维还是影响动物饱腹感的主要因素。日粮中的中性洗涤纤维含量直接影响奶牛干物质采食量，它与奶牛的最大采食量呈负相关。奶牛每天最多能摄入的中性洗涤纤维约为自身体重的 1.25%，即一头体重为 600 千克的泌乳牛每天最多能摄入的中性洗涤纤维约为 7.5 千克。如果奶牛日粮中中性洗涤纤维的含量为 30%，那么干物质采食量预计可达 25 千克/天；如果日粮中中性洗涤纤维的含量为 40%，干物质采食量预计为 18.75 千克/天；如果日粮中中性洗涤纤维的含量达 50%，则干物质采食量仅为 15 千克/天。因此，要保证奶牛摄取到足够的营养和能量，而同时奶牛的干物质采食量又不受限制，饲料中的中性洗涤纤维含量就要很好的控制。有些养殖者曾提到通过在饲料中添加脂肪的方法来提高饲料的能量含量，但是研究表明，当饲料中脂肪含量超过 5%，奶牛就不愿采食这种饲料。在奶牛养殖业水平较高的地方，饲料中的脂肪含量一般在 0.5% 左右，而且动物的干物质采食量会随着脂肪含量的升高而降低（不排除对特殊的牛群提高日粮中脂肪含量）。高质量的粗饲料就成了解决这一问题的最佳途径，不但能控制奶牛日粮中中性洗涤纤维含量、改善日粮适口性而且可有效提高奶牛日粮营养浓度、降低日粮中精补料的比例，在保证奶牛健康的前提下，实现了营养物质的最大摄入量。

四、粗饲料在奶牛体内的消化吸收

第一，粗饲料富含纤维素，纤维素是β-多聚葡萄糖，可在瘤胃微生物产生的纤维素酶作用下，被分解成葡萄糖。

第二，能降解纤维素的微生物包括细菌、真菌和纤毛虫。细菌和真菌服贴在粗纤维表面上。对粗纤维进行消化并逐步地深化。纤毛虫对粗纤维的结构进行物理性破坏，使细菌和真菌更容易服贴在粗纤维表面上。

第三，虽然纤维素可被降解纤维素细菌所完全消化，但是一般的饲料由于表面上覆盖有不易被降解的木质素，因而消化率不高。

第四，降解纤维素的细菌对 pH 很敏感。当 pH 低于 6.2 时，粗纤维的消化率降低；当 pH 低于 6.0 时。消化完全停止。另外，降解纤维素细菌也对脂肪很敏感，当脂肪添加量高于 7% 时，降解纤维素细菌活力受到抑制。造成采食量降低。

第五，纤维素降解后的最终产物为乙酸、丙酸、丁酸等挥发性脂肪酸（VFA），其中乙酸的比例较高。

第六，奶牛饲料中对乳脂影响最大的是粗纤维含量。若日粮中的牧草低于 50%，或 ADF（酸性洗涤纤维）低于 19%，或将全部饲料中的粗纤维限定在 13%时，会导致日粮的乙酸、丙酸比下降，从而降低牛奶中乳脂的含量。

五、在奶牛饲养中存在的粗饲料问题及造成的不良后果

1. 存在问题

（1）在饲养中，人们对粗饲料没有给予应有的重视。

（2）粗饲料种类繁杂，如苜蓿、羊草、当地普通干草、玉米秸秆、稻草、其他农作物秸秆和副产品等。

（3）粗饲料供应无计划，有什么吃什么，什么便宜吃什么。

（4）配合日粮时没有充分考虑粗饲料方面的问题，不能根据日粮粗饲料的质量情况在精料补充料中给予相应的平衡与补充。

（5）没有对粗饲料进行适当的加工调制。

（6）奶牛每天粗饲料进食量偏低，副料进食量偏高，精料水平也偏高。

（7）青贮质量差。

（8）奶牛全日粮中钙、磷比例不平衡，不注意微量元素和维生素的补充。

2. 不良后果 奶牛是反刍草食家畜，饲养原则是以粗饲料为主，以精饲料为辅。如粗饲料是以营养含量低、适口性差的玉

米秸秆、麦秸、稻草或去穗玉米青贮为主的，为了提高产奶量，用过多的精饲料来补足粗饲料营养的短缺，致使精粗比例失衡（精料多、粗料少）、粗纤维少、瘤胃酸度过大，其结果导致产奶量减少、乳脂率下降、全日粮中干物质含量低；并会引起酒精阳性乳、前胃迟缓、四胃变位、脂肪肝、肝脓肿、酸中毒、肢蹄病、隐性乳房炎、酮病、产后瘫痪等多种代谢病的发生，进一步造成奶牛的淘汰、利用年限缩短、经济效益下降。

第二章 天然野生牧草

牧草是发展奶牛生产的基础。牧草中不仅含有奶牛必需的各种营养物质，还含有对维持奶牛反刍健康特别重要的粗纤维，这是粮食与其他饲料所不能替代的。本章重点介绍几种天然野生牧草。

一、稗子

（一）生物学特性

稗子是一年生草本植物。也叫稗、稗草，叶子像稻，叶鞘无毛。实如黍米，可食，或作饲料。杂生稻田中，有害稻子生长。花果期 7～10 月。稗子在较干旱的土地上，茎亦可分散贴地生长。

生长环境，稗草广泛分布于全国各地。常以优势草种生于湿润农田、低洼荒地、路旁、沟边及浅水渠塘和沼泽中。

（二）牧草照片

稗子形态见图 2-1。

图 2-1　稗　子

（三）形态特征

一年生草本，秆丛生，基部倾斜、膝曲或直立，光滑无毛。株高 50～130 厘米。叶片条形，叶片无毛；叶鞘光滑无叶舌。圆锥花序主轴具角棱，粗糙，花序稍开展，直立或弯曲；总状花序常有分枝，斜上或贴生；小穗有 2 个卵圆形的花，长约 3 毫米，具硬疣毛，密集在穗轴的一侧；一外稃有 5～7 脉，草质，先端延伸成 1 粗壮芒，内稃与外稃等长。先端具 5～30 毫米的芒；二外稃先端具小尖头，粗糙。颖果米黄色卵形。叶鞘松弛，下部者长于节间，上部者短于节间。小穗密集于穗轴的一侧，具极短柄或近无柄；一颖三角形，基部包卷小穗，长为小穗的 1/3～1/2，被短硬毛或硬刺疣毛，二颖先端具小尖头，脉上具刺状硬毛，脉间被短硬毛；种子繁殖。种子卵状，椭圆形，黄褐色。

其生态特点是生于湿地或水中，是沟渠和水田及其四周较常见的杂草。平均气温 12℃以上即能萌发。最适发芽温度为 25～35℃，10℃以下、45℃以上不能发芽，土壤湿润，无水层时，发芽率最高。土深 8 厘米以上的稗籽不发芽，可进行二次休眠。在旱作土层中，出苗深度为 0～9 厘米，0～3 厘米出苗率较高。东北、华北稗草于 4 月下旬开始出苗，生长到 8 月中旬，一般在 7 月上旬开始抽穗开花，生育期 76～130 天。在上海地区，5 月上、中旬出现一个发生高峰，9 月还可出现一个发生高峰。

(四) 应用价值

稗适应性强，生长茂盛，品质良好，饲草及种子产量均高，营养价值也较高，粗蛋白质含量为 6.282%～9.419%，粗脂肪含量为 1.921%～2.45%。鲜草，牛、羊、马均最喜吃；用稗草养草鱼，生长速度快，肉味非常鲜美；干草，牛最喜食；谷粒可作家畜和家禽的精饲料，亦可酿酒及食用，在湖南有稗子酒为最好之酒之说。根及幼苗可药用，能止血，主治创伤出血。茎叶纤维可作造纸原料。

二、芦苇

(一) 生物学特性

芦苇，别名苇、芦，是多年水生或湿生的高大禾草，世界各地均有生长，在我国更是广泛分布。芦苇生长于池沼、河岸、河溪边多水地区，常形成苇塘。其中，以东北的辽河三角洲、松嫩平原、三江平原，内蒙古的呼伦贝尔和锡林郭勒草原，新疆的博斯腾湖、伊犁河谷及塔城额敏河谷，华北平原的白洋淀等苇区，是大面积芦苇集中的分布地区。芦叶、芦花、芦茎、芦根、芦笋均可入药。

(二) 牧草照片

芦苇形态见图 2-2。

图 2-2　芦　苇

（三）形态特征

芦苇的植株高大，地下有发达的匍匐根状茎。茎秆直立，秆高 1～3 米，下常生白粉。叶鞘圆筒形，无毛或有细毛。叶舌有毛，叶片长线形或长披针形，排列成两行。叶长 15～45 厘米，宽 1～3.5 厘米。圆锥花序分枝稠密，向斜伸展，花序长 10～40 厘米，小穗有小花 4～7 朵；颖有 3 脉，一颖短小，二颖略长；一小花多为雄性，余两性；外稃先端长渐尖，基盘的长丝状柔毛长 6～12 毫米；内稃长约 4 毫米，脊上粗糙。具长、粗壮的匍匐根状茎，以根茎繁殖为主。

生在浅水中或低湿地，新垦麦田或其他水田、旱田易受害。芦苇具有横走的根状茎，在自然生境中，以根状茎繁殖为主，根状茎纵横交错形成网状，甚至在水面上形成较厚的根状茎层，人、畜可以在上面行走。根状茎具有很强的生命力，能较长时间埋在地下，1 米甚至 1 米以上的根状茎，一旦条件适宜，仍可发育成新枝。也能以种子繁殖，种子可随风传播。对水分的适应幅度很宽，从土壤湿润到长年积水，从水深几厘米至1米以上，都能形成芦苇群落。在水深20～50厘米，流速缓慢的河、湖，可形成高大的禾草群落，素有“禾草森林”之称。在华北平原白洋淀地区，发芽期在4月上旬，展叶期为5月初，生长期从4月上旬至7月下旬，孕穗期从7月下旬至8月上旬，抽穗期从8月上旬到8月下旬，开花期从8月下旬至9月上旬，种子成熟期为10月上旬，落叶期在10月底以后。在上海地区，3月中、下旬从地下根茎长出芽，4～5月大量发生，9～10月开花，11月结果。在黑龙江，5～6月出苗，当年只进行营养生长，7～9月形成越冬芽,越冬芽于翌年5～6月萌发,7～8月开花,8～9月成熟。

大多数芦苇长花，少数芦苇长棒，棒呈黄褐色，棒面毛茸茸，约一元硬币粗细，十多厘米长，棒刚摘下来是硬的，然后越来越软，点燃的芦苇棒会有烟，可驱蚊，无毒。多生于低湿地或浅水中。芦苇生长在灌溉沟渠旁、河堤沼泽地、河溪边等多水地区。芦苇的植株高大，地下有发达的匍匐根状茎。茎秆直立，秆高1～3米，下常生白粉。叶鞘圆筒形，无毛或有细毛。叶舌有毛，叶片长线形或长披针形，排列成两行。叶长15～45厘米，宽1～3.5厘米。夏秋开花，圆锥花序，顶生，疏散，多成白色，圆锥花序分枝稠密，向斜伸展，花序长10～40厘米，稍下垂，小穗含4～7朵花，雌雄同株，花序长15～25厘米，小穗长1.4厘米，为白绿色或褐色，花序最下方的小穗为雄，其余均雌雄同花，花期为8～12月。芦苇的果实为颖果，披针形，顶端有宿存花柱。具长、粗壮的匍匐根状茎，以根茎繁殖为主，芦苇是经常见到的水边植物或在干枯的水塘里，芦苇常会和寒芒搞混，区别是芦苇的茎是中空的，而寒芒不是。另外，寒芒到处可见，芦苇是择水而生。

（四）应用价值

为保土固堤植物。苇秆可作造纸和人造丝、人造棉原料，也供编织席、帘等用；嫩时含大量蛋白质和糖分，为优良饲料；嫩芽也可食用；花絮可作扫帚；花絮可填枕头；根状茎叫作芦根，中医学上入药，性寒、味甘，功能清胃火，除肺热；有健胃、镇呕、利尿之功效。

《本草纲目》谓芦叶“治霍乱呕逆，痈疽”；《本经道源》记载它有“烧存性，治活衄诸血之功”；除芦叶为末，以葱、椒汤洗净，敷之，可治发背溃烂。芦花止血解毒，治鼻衄、血崩，上吐下泻。《本草图经》记载它“煮浓汁服，主鱼蟹之毒。”芦苇既是菜肴中佳品，又能治热血口渴、淋病。《王揪药解》说它能“清肺止渴，利水通淋。”《本草纲目》记载它能“解诸肉毒”。芦茎、芦根在中医上被广泛应用，能清热生津，除烦止呕，古代14种药物书籍上都有详尽记载。颇为有名的“千金苇”茎，现在已远销海外。

现代药理证实，芦苇的叶、花、茎、根都含有丰富的药理成分薏苡素、蛋白质、脂肪、碳水化合物以及维生素 B_1、维生素 B_2、维生素 C 等，因而受到医药学界的重视。

芦苇又是一种适应性广、抗逆性强、生物量高的优良牧草。芦叶、芦花、芦茎、芦根、芦笋均可入药。饲用价值高，嫩茎、叶为各种家畜所喜食。目前，大多数都作为放牧地利用，也有用作割草地或放牧与割草兼用，往往作为早春放牧地。芦苇草地有季节性积水或过湿，加之是高草地，适宜马、牛大畜放牧。芦苇地上部分植株高大，又有较强的再生力，以芦苇为主的草地，生物量也是牧草类中较高的，在自然条件下，产鲜草 3.9～13.9 吨/公顷。每年可刈割 2～3 次。除放牧利用外，可晒制干草和青贮。青贮后，草青色绿，香味浓，羊很喜食、牛马亦喜食。

芦苇嫩茎的内膜常用来做吹奏乐器笛子的振动膜，称“笛膜”。此外，芦苇还具有园林用途，种在公园的湖边，开花时特别美观。在欧洲国家的公园中，经常可见到芦苇优雅的身影。深水耐寒、抗旱、抗高温、抗倒伏，笔直、株高、梗粗、叶壮、成活率高，能达到短期成型、快速成景等优点。生命力强，易管理，适应环境广，生长速度快，是景点旅游、水面绿化、河道管理、净化水质、沼泽湿地、置景工程、护土固堤、改良土壤之首选。

三、狗尾草

（一）生物学特性

狗尾草属禾本科、一年生草本植物。根为须状，高大植株，具支持根。秆直立或基部弯曲，高10～100 厘米，基部径达 3～7 毫米。叶鞘松弛，无毛或疏具柔毛或疣毛，边缘具较长的密绵毛状纤毛；有祛风明目、清热利尿的作用。生长于海拔4 000米以下的荒野、道旁，为旱地作物常见的一种杂草，在庄稼地里长得最多。初生时是小小的细细的一到两片的嫩叶，远望去几乎不见。然而只需要一场微雨，便足以让它蓬勃生长成燎原之势。虽然根须浅浅地几乎只是浮在土上，然而若是拔得不彻底或是拔完了扔在地里，依旧不能置它于死地，只需要一夜的露水，便足以让它生出新芽或者复活，其生命力之强，常让人惊叹不已。待到稍长大一些，便拔生出一根细长的穗来，结满了千百颗籽粒，毛茸茸的摇曳在风里，仿佛调皮的小狗在抖动着尾巴。可作为牛、羊、马等的饲草。

（二）牧草照片

狗尾草形态见图 2-3。

（三）形态特征

狗尾草，一年生草本。秆直立或基部弯曲，高 10～100 厘米，基部径达 3～7 毫米。叶鞘松弛，边缘具较长的密绵毛状纤

图 2-3 狗尾草

毛；叶舌极短，边缘有纤毛；叶片扁平，长三角状狭披针形或线状披针形，先端长渐尖，基部钝圆形，长4～30 厘米，宽 2～18 毫米，通常无毛或疏具疣毛，边缘粗糙。圆锥花序紧密呈圆柱状或基部稍疏离，直方或稍弯垂，主轴被较长柔毛，长2～15 厘米，宽 4～13 毫米（除刚毛外），刚毛长 4～12 毫米，粗糙，直或稍扭曲，通常绿色或褐黄到紫红或紫色。

小穗 2～5 个簇生于主轴上或更多的小穗着生在短小枝上，椭圆形，先端钝，长 2～2.5 毫米，铅绿色；一颖卵形，长约为小穗的 1/3，具 3 脉，二颖几与小穗等长，椭圆形，具 5～7 脉；一外稃与小穗等长，具 5～7 脉，先端钝，其内稃短小狭窄，二外稃椭圆形，具细点状皱纹，边缘内卷，狭窄；鳞被楔形，先端微凹；花柱基分离。颖果灰白色。花果期 5～10 月。

叶鞘较松弛，无毛或具柔毛；叶舌具长 1～2 毫米的纤毛；叶片扁平，长 5～30 厘米，宽 2～15 毫米，顶端渐尖，基部略呈圆形或渐窄，通常无毛。圆锥花序紧密呈圆柱形，长 2～15 厘米，微弯垂或直立，绿色、黄色或变紫色；小穗椭圆形，先端钝，长 2～2.5 毫米；一颖卵形，具 3 脉，二颖具 5 脉；一外稃与小穗等长，具 5～7 脉，有一窄狭的内稃。谷粒长圆形，顶端钝，具细点状皱纹。花果期夏秋间。

多生长于荒野、道旁。我国大部分地区均有分布。

（四）应用价值

狗尾草是牛驴马羊爱吃的植物。无论是老的、嫩的、鲜的还是干的，都是很不错的牲畜饲料。秋季的干草还可以作燃料生火烧水做饭，取暖铺床。

药用价值：主治除热，去湿，消肿。

治痈肿，疮癣，赤眼。

（1）《本草纲目》：治疣目，贯发，穿之即干灭也。凡赤眼拳毛倒睫者，翻转目险，以一、二茎蘸水去恶血。

（2）《本草纲目拾遗》：治疔痈癣。面上生癣，取草茎揉软，不时搓之。

（3）《贵州民间方药集》：解热，治目疾。又用治麻（疣）子。

（4）《陆川本草》：去湿，消肿。治黄水疮。

（5）《重庆草药》：治目疾流泪起雾。祛风明目，清热利尿。用于风热感冒，砂眼，目赤疼痛，黄疸肝炎，小便不利；外用治颈淋巴结结核。

四、萹蓄

（一）生物学特性

萹蓄为一年生草本植物，又名萹竹，多生郊野道旁，初夏间开淡红色或白色小花，入秋结籽，嫩叶可入药。茎呈圆柱形而略扁，有分枝，长15～40厘米，直径0.2～0.3厘米。表面灰绿色或棕红色，有细密微突起的纵纹；节部稍膨大，有浅棕色膜质的托叶鞘，间长约3厘米；质硬，易折断，断面髓部白色。叶互生，叶狭长似竹，近无柄或具短柄，叶片多脱落或皱缩、破碎，完整者展平后呈披针形，全缘，两面均呈棕绿色或灰绿色。无臭，味微苦。我国各地均产。

（二）牧草照片

萹蓄形态见图 2-4。

图 2-4　萹　蓄

（三）形态特征

萹蓄一年生草本，高 15～50 厘米。茎匍匐或斜上，基部分枝甚多，具明显的纵沟纹；幼枝上微有棱角。叶互生；叶柄短，约 2～3 毫米，亦有近于无柄者；叶片披针形至椭圆形，长 5～16 毫米，宽 1.5～5 毫米，先端钝或尖，基部楔形，全缘，绿色，两面无毛；托鞘膜质，抱茎，下部绿色，上部透明无色，具明显脉纹，其上之多数平行脉常伸出成丝状裂片。花 6～10 朵簇生于叶腋；花梗短；苞片及小苞片均为白色透明膜质；花被绿色，5深裂，具白色边缘，结果后，边缘变为粉红色；雄蕊通常8枚，花丝短；子房长方形，花柱短，柱头3枚。瘦果包围于宿存花被内，仅顶端小部分外露，卵形，具3棱，长2～3毫米，黑褐色，具细纹及小点。花期6～8月，果期9～10月。

（四）应用价值

萹蓄出自《神农本草经》。《尔雅》郭璞注：萹蓄似小藜，赤茎，好生道旁，可食，又杀虫。《本草图经》：萹蓄春中布地生道旁，苗似瞿麦，叶细绿如竹，赤茎如钗股，间花出，甚细微，青黄色，根如蒿根。四五月采苗阴干。方书亦单用治虫。葛洪小儿蛔方，煮汁令浓，饮之即瘥。

全草含黄酮类成分、香豆精类成分、氨基酸成分，还含葡萄糖、果糖、蔗糖等水溶性多糖。

营养成分：萹蓄每百克嫩茎叶含水分79克，蛋白质6克，脂肪0.6克，碳水化合物10克，钙50毫克，磷47毫克，胡萝卜素9.55毫克，维生素B_2 0.58毫克，维生素C 158毫克。萹蓄是牛、羊、马等喜食的牧草。

五、冰草

（一）生物学特性

冰草是多年生草本，高15～75厘米。生长于山坡、丘陵及沙地，我国东北、华北、甘肃、青海、新疆以及内蒙古等地均有分布。

（二）牧草照片

冰草形态见图2-5。

图 2-5　冰　草

（三）形态特征

冰草系多年生草本植物。须状根，密生，外具沙套；疏丛型。秆直立，基部微呈膝曲状，高 30～50 厘米，具 2～3 节。叶长 5～10 厘米，宽 2～5 毫米，边缘内卷。穗状花序直立，长 2.5～5.5 厘米，宽 8～15 毫米，小穗水平排列呈篦齿状，含 4～7花，长 10～13 毫米，颖舟形，常具 2 脊或 1 脊，被短刺毛；外稃长 6～7 毫米，舟形，被短刺毛，顶端具长 2～4 毫米的芒，内稃与外稃等长。

（1）温度及水分要求：冰草是草原区旱生植物，具有很强的抗旱性和抗寒性，适宜在干燥寒冷地区生长，但不耐涝。

（2）土壤要求：喜生于草原区的栗钙土壤上，有时在黏土上也能生长，但不耐盐碱；在酸性土或沼泽地、潮湿的土壤上极少见。冰草往往是草原植物群落的主要伴生种。在平地、丘陵和山坡排水较良好及干燥的地区也经常见到。

（3）生长特性：冰草分蘖能力很强，播种当年分蘖可达

25～55个，并很快形成丛状。种子自然落地，可以自生。冰草返青早，在我国北方4月中旬开始返青，5月末抽穗，6月中下旬开花，7月中下旬种子成熟，9月下旬至10月上旬植株枯黄。生育期为110～120天。

冰草是冷季多年生牧草，多数为异花授粉多倍体，通常分为直立型和根茎型两类。除少数根茎特别发达的种外，冰草的结实性好，种子的产量和质量都高。冰草具顶生穗状花序，小穗含多个小花，小穗无柄，单生（个别成对）紧贴穗轴。

全世界冰草有100～150种，大多数种适应半潮湿到干旱的气候，生长在干旱草原或荒漠草原。天然生冰草很少形成单纯的植被，常与其他禾本科草、苔草、非禾本科植物以及灌木混生。

（四）应用价值

冰草草质柔软，是优良牧草之一，营养价值较高，但是干草的营养价值较差，在幼嫩时牛、马、羊骆驼都喜食。在干旱草原区把它作为催肥牧草，但开花后适口性和营养成分均有降低。冰草对反刍家禽的消化成分亦较高。

冰草在干旱草原区，是一种优良天然牧草，种子产量很高，易于收集，发芽力很强。因此，不少省份已引种栽培，并成为重要的栽培牧草，既可放牧又可割草；既可单种又可和豆科牧草混种，每亩*可产干草100千克，高者每亩可产133.3千克。

冬季枝叶不易脱落，可放牧，但由于叶量较小，相对降低了饲用价值。由于冰草的根为须状，密生，具沙套和入土较深的特性，因此，它又是一种良好的水土保持植物和固沙植物。

由于品质好、营养丰富、适口性好，各种家畜均喜食；又因

* 亩为非法定计量单位。1亩＝1/15公顷。

返青早，能较早地为放牧家畜提供青饲料。它特别具备抗旱、耐寒、耐牧以及产籽较多等特性，所以已经由野生转变为在放牧地补播和建立旱地人工草地。

六、鹅观草

（一）生物学特性

鹅观草是一种常见的草本植物，茎和叶子带紫色，有香气，花紫色或绿色。春季返青早，马、牛、羊、兔、鹅均喜食，由于穗状花序弯曲下垂，姿态潇洒别致，具有一定的观赏价值。

（二）牧草照片

鹅观草形态见图 2-6。

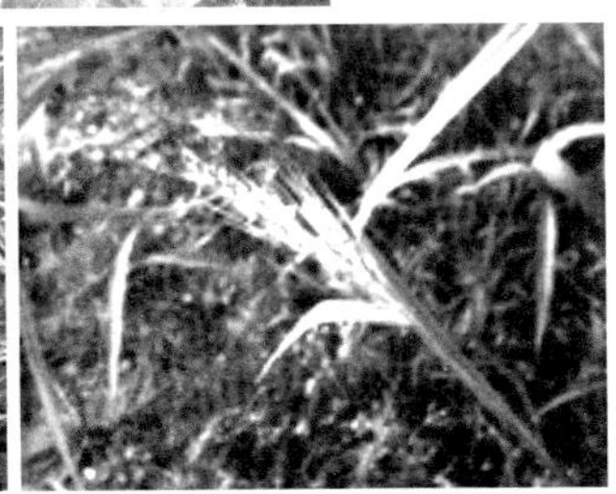

图 2-6　鹅观草

（三）形态特征

多年生草本。须根深15～30厘米。秆直立或基部倾斜，疏丛生，高30～100厘米。叶鞘外侧边缘常被纤毛；叶舌截平，长0.5毫米；叶片扁平，光滑或稍粗糙。

穗状花序长7～20厘米，下垂，小穗绿色或呈紫色，长13～25毫米（芒除外），含3～10花；颖披针形，边缘为宽膜质，顶端具2～7毫米的短芒，有3～5脉，一颖较二颖短；外稃披针形，边缘宽膜质，背部及基盘近无毛，芒长20～40毫米；内稃约与外稃等长，先端钝，脊有翼。颖果稍扁，黄褐色，千粒重为1.9克。细胞染色体：$2n=42$。花和子实在温带地区，如果采取春播或夏播，当年仅能形成基生叶丛，而不能抽穗结实，直至降霜后，地上部分枯死，其绿草期为96～132天。

而生长2年以上的鹅观草，一般于3月底或4月初返青，6月中旬开花，6月底或7月初果熟，10月初或中旬地上部分枯死，生育期为95～106天，青草期为199～208天。

鹅观草主要依靠种子繁殖。种子成熟比较一致，利于一次收获，产种量高。种子发芽率高，一般均在90%以上；分蘖力比较强，据对生长2年以上的植株进行统计，一般每丛可分蘖15～25枝，最多有达36枝；每年收割2茬，最多不能超过3茬，每次收割的间隔时间为60天左右。据吉林省畜牧研究所报道，每次刈割后到新草萌发需7～11天；在分蘖期利用，一般3天即可再生。

鹅观草分布的生态幅比较宽，适应的降水范围是400～1 700毫米；它既可在沙质土上生长，也可在黏质土上定居，适应的土壤pH为4.5～8；适应的绝对最低温为－30℃、绝对最高温为35℃。

（四）应用价值

（1）具有饲用价值，孕穗前，茎叶柔嫩，马、牛、羊、兔、鹅均喜食。抽穗后适口性下降。以利用青草期为宜，也可调制成干草。鹅观草也是良好的水土保持植物。

（2）具有园林价值，鹅观草春季返青早，叶质柔软，鲜绿色；穗状花序弯曲下垂，姿态潇洒别致，具有一定的观赏价值。可作园林绿地上的观赏禾草，也可作插花的陪衬材料。

七、芨芨草

（一）生物学特性

芨芨草是高大多年生密丛禾草，茎直立，坚硬。须根粗壮，根径为2～3毫米，入土深达80～150厘米，根幅在160～200厘米，其上有白色毛状外菌根。喜生于地下水埋深1.5米左右的盐碱滩沙质土壤上，在低洼河谷、干河床、湖边、河岸等地，为中等品质饲草，对于我国西部荒漠、半荒漠草原区，解决大牲畜冬春饲草具有一定作用，终年为各种牲畜所采食，但时间和程度不一。骆驼、牛喜食，其次马、羊。在春季和夏初，嫩茎为牛、羊喜食，夏季茎叶粗老，骆驼喜食，马次之，牛、羊不食。霜冻后的茎叶各种家畜均采食。

（二）牧草照片

芨芨草形态见图2-7。

（三）形态特征

芨芨草为高大多年生密丛禾草，茎直立，坚硬。须根粗壮，根径2～3毫米，入土深达80～150厘米，根幅160～200厘米，其上有白色毛状外菌根。喜生于地下水深为1.5米左右的盐碱滩沙质土壤上，在低洼河谷、干河床、湖边、河岸等地，常形成开阔的芨芨草盐化草甸。4月中、下旬萌发，并不依赖大气降水而开始生长，5月上旬即长出叶子，6～7月开花，种子于8月末至9月成熟，子粒细小，产量较高。芨芨草为无性繁殖，也可用种

图 2-7　芨芨草

子繁殖。返青后，生长速度快，冬季枯枝保存良好，特别是根部可残留 1 年甚至几年。因此，芨芨草草场一年四季均可牧用。芨芨草具有广泛的生态可塑性，在较低湿的碱性平原以至高达 5 000米的青藏高原，从干草原带一直到荒漠区，均有芨芨草生长，但它不进入林缘草甸。在复杂的生境条件下，可组成有各种伴生种的草地类型，它是盐化草甸的重要建群种。根系强大，耐旱、耐盐碱、适应黏土以至沙壤土。芨芨草的分布与地下水位较高、轻度盐渍化土壤有关，根系分布深度也随着地下水位升降而变化，地下水位低或盐渍化严重的地区不宜生长。因此，芨芨草可为牧区寻找水源、打井的指示植物。芨芨草草滩在荒漠化草原和干旱草原区，为主要的冬、春营地。适度利用，总盖度可达 35%～50%，株丛大，在 100 米^2 内可有 35 丛左右。

（四）应用价值

芨芨草为中等品质饲草，终年为各种牲畜所采食，但时间和程度不一。骆驼、牛喜食，其次马、羊。在春季和夏初，嫩茎叶为牛、羊喜食，夏季茎叶粗老，骆驼喜食，马次之，牛、羊不食。霜冻后的茎叶各种家畜均采食。但在生长旺期仍残存着枯枝，故降低可食性，也给机械收获带来困难。因生长高大，为冬、春季牲畜避风卧息的草丛地，当冬季矮草被雪覆盖，家畜缺少可饲牧草的情况下，芨芨草便是主要饲草。因此，牧民习惯以芨芨草多的地方作为冬营地或冬、春营地。大面积的芨芨草草滩为较好的割草地，割后再生草亦可放牧家畜。开花始期刈割，可作为青贮原料。产草量各地有显著差异，据测定，在腾格里沙漠湖盆低洼地，每公顷产干草 975～2 025千克，在鄂尔多斯地区，每公顷产干草3 000千克左右。就饲用而言，芨芨草质量不高，主要是与它的茎叶粗糙且韧性较大有关，家畜采食困难。开花以前粗蛋白质和胡萝卜素含量较丰富，拔节至开花以后逐渐降低，而粗纤维含量增加，适口性下降。在拔节期间，芨芨草粗蛋白质的品质较好，必需氨基酸含量高，大约与紫花苜蓿的干草不相上下。因此，芨芨草作为放牧或割草利用时，应在抽穗、开花前期进行。

芨芨草因具有耐干旱、耐盐碱、抗逆性强等特性，充分利用荒漠、盐碱地和弃耕地大面积栽培种植，能增加绿色覆盖率，防止荒漠化，发展农区畜牧业，具有良好的生态效益。

目前，大面积栽培芨芨草的技术，在国内已达到领先水平。

八、狗牙根

（一）生物学特性

狗牙根，又名百慕大，禾本科狗牙根属暖季型草坪草。多生长于村庄附近、道旁河岸和荒地山坡。匍匐茎发达蔓延力很强，根茎广铺地面，为良好的固堤保土植物，常用以铺建草坪或球场。长江流域及以南地区均有广泛分布。

（二）牧草照片

狗牙根形态见图 2-8。

图 2-8　狗牙根

（三）形态特征

狗牙根是我国华北以南地区分布最广的暖地型草种，各地名称较多，如爬根草、蟋蟀草等，是禾本科绊根草属多年生草坪植物。植株低矮，生长力强，具根状茎或细长匍匐技。夏、秋季蔓延迅速，节间着地均可生根。叶色浓绿，5～7 月陆续抽出花序，秆高 12～15 厘米。花序穗状，绿色，结实能力极差。种子成熟后易于脱落，具有一定的自播能力。

喜光，稍能耐半阴，草质细，耐践踏，在排水良好的肥沃土壤中生长良好。由于须根浅生，遇夏日干旱气候，容易出现匍匐茎嫩尖或叶片等成片干枯。此草侵占力较强，在肥沃的土壤条件下，容易侵入其他草种中蔓延扩大。在微量的盐碱地上，亦能生长良好。此草春天返青较早，观赏期可达 260 天。

狗牙根草种子稀少，且不易采收，故用分根法繁殖。一般于春夏期间，挖起草茎，敲掉泥土，均匀拉开撒铺于地面，覆土压实，保持湿润，数日内即可生根萌发新芽。约经 20 天即能滋生新匍匐枝，此时应增施氮肥同时配合修剪，匍匐枝迅速向外蔓延伸长，并节间生根扩大形成新草坪，速度之快为其他草种所不及。

此草与结缕草、假俭草相比，养护管理比较粗放，轧剪、施肥、病虫防治均相应减少次数，但夏日炎热缺雨季节，由于根浅生，经不住干旱，应适当浇水。用狗牙根铺设的草坪运动场，每当球赛结束后，已经踏坏的草坪，必须当晚进行喷灌浇水，一般 3～5 天即可萌发新芽，7～8 天即可完全复苏。

狗牙根属禾本科狗牙根属多年生草本植物，为暖季型草。具有根状茎及匍匐枝，匍匐枝的扩展能力极强。叶色浓绿，性喜光稍耐阴、耐旱，喜温暖湿润，具有一定的耐寒能力。适宜的土壤酸碱性范围很广（pH 为 5.5～7.5），其中，以湿润且排水条件良好的中等到较黏性的土壤上生长最好，在轻沙盐碱地中生长也较好。最适宜生长温度为 20～35℃，当温度达到 24℃时长势最好，当温度低于 16℃时停止生长，当土壤温度低于 10℃开始褪色并逐渐休眠，华东地区的绿色期一般为 250 天左右。华东地区狗牙根的播种时间为每年 3～9 月较为适宜。如春季播种太早会因温度太低，导致发芽较慢，影响草坪成坪速度；秋季播种太晚会因温度太低，导致草坪生长慢，幼苗不能安全越冬。人工播种量为 10～12 克/米^2；喷播植草播种量为 15 克/米^2 左右，也可以与其他暖季型或冷季型草种混播。

狗牙根可能发生的病害是褐斑病、币斑病、锈病等，可用一些广谱的杀菌剂进行防治，如托布津、多菌灵和百菌清等；可能发生的虫害有蛴螬、螨类、介壳虫和线虫等，可及时喷一些菊酯类杀虫农药进行有效控制。

（四）应用价值

狗牙根是我国黄河流域以南分布较广泛的优良草种之一。长江中下游地区，多用它铺建草坪，或与其他暖地型草种进行混合铺设各类草坪运动场、足球场。同时，又可应用于公路、铁路、水库等处作固土护坡绿化材料种植。由于狗牙根的草茎内蛋白质的含量较多，牛、马、羊等牲畜食口性好，因此又可作为放牧草地开发利用。

由于狗牙根草坪的耐践踏性、侵占性、再生性及抗恶劣环境能力极强，耐粗放管理，且根系发达，常应用于机场景观绿化，堤岸、水库水土保持，高速公路、铁路两侧等处的固土护坡绿化工程，是极好的水土保持植物品种。近年来，选择种植狗牙根的优质草种，已被应用于江苏泰州引江河护坡、浙江金华—温州高速公路护坡、西安—南京铁路护坡等国家重点工程。

改良后的草坪型狗牙根可形成茁壮的、高密度的草坪，侵占性强，叶片质地细腻，草坪的颜色从浅绿色到深绿色，具有强大根茎，匍匐生长，可以形成致密的草皮，根系分布广而深，可用于高尔夫球道、发球台及公园绿地、别墅区草坪的建植。

（五）狗牙根和牛筋草的区别

狗牙根是多年生的，牛筋草是一年生的，狗牙根有根状茎和匍匐枝，牛筋草则是丛生的；牛筋草的穗轴比狗牙根要宽，穗粒较多。狗牙根开花后种子结得极少；狗牙根的叶条较短（3～8厘米），牛筋草叶条较长（10～25厘米）。

九、牛筋草

（一）生物学特性

牛筋草，禾本科穇属。俗名：蟋蟀草、牛顿草、牛信棕。开花期为全年，种子繁殖。牛筋草的特征是它韧如牛筋的茎及其根系发达，且为深根系，因此拔除不易。小穗椭圆，颖果卵形，深褐色。一年生禾草，秆丛生，叶鞘两侧扁平。叶线形，平滑无毛，叶舌短。

（二）牧草照片

牛筋草形态见图 2-9。

图 2-9　牛筋草

（三）形态特征

一年生草本，高 15～90 厘米。须根细而密。秆丛生，直立或基部膝曲。叶片扁平或卷折，长达 15 厘米，宽 3～5 毫米，无毛或表面具疣状柔毛；叶鞘压扁，具脊，无毛或疏生疣毛，口部有时具柔毛；叶舌长约 1 毫米。根呈须状，黄棕色，直径 0.5～1 毫米。茎呈扁圆柱形，淡灰绿色，有纵棱，节明显，节间长 4～8 毫米，直径 1～4 毫米。叶脉平行条状。穗状花序数个呈指状排列于茎顶端常为3个，气微，味淡。显微鉴别茎横切面：表皮细胞1列，外被角质层。皮层由4～6列薄壁细胞组成，中柱鞘纤维成环状排列，其外侧有约20个棱脊维管束断续排列成环状。中柱维管束散在，外韧型，具环管纤维。髓细胞呈类多角形，中部常萎缩而中空。穗状花序，长3～10厘米，宽3～5毫米，常为数个呈指状排列（罕为2个）于茎顶端；小穗有花3～6朵，长4～7毫米，宽2～3毫米；颖披针形，一颖长1.5～2毫米，二颖长2～3毫米；一外稃长3～3.5毫米，脊上具狭翼；种子矩圆形，近三角形，长约1.5毫米，有明显的波状皱纹。花果期6～10月。常见于旷野荒芜的地方，分布全国各地。

茎秆丛生，斜生或偃卧，有的近直立，株高15～90厘米。叶片条形；叶鞘扁，鞘口具毛，叶舌短。穗状花序2～7枚，呈指状排列在秆端；穗轴稍宽，小穗成双行密生在穗轴的一侧，有小花3～6个；颖和稃无芒，一颖片较二颖片短，一外稃有3脉，具脊，脊上粗糙，有小纤毛。颖果卵形，棕色至黑色，具明显的波状皱纹。靠种子繁殖。

上海一带于4月中下旬出苗，5月上、中旬进入发生高峰，6～8月发生少，部分种子1年内可生2代。秋季成熟的种子在土壤中休眠3个多月，在0～1厘米土中发芽率高，深3厘米以上不发芽。发芽需在20～40℃变温条件下有光照。恒温条件下发芽率低，无光发芽不良。

（四）应用价值

牛筋草是我国分布较广泛的优良草种之一，牛筋草的草茎内蛋白质的含量较多，牛、马、羊等牲畜食口性好，因此可以作为牛、马、羊等牲畜的饲草。此外，还有一定的药要价值：

（1）治高热，抽筋神昏：鲜牛筋草四两，水三碗，炖一碗，食盐少许，12小时内服尽（《闽东本草》）。

(2) 治脱力黄，劳力伤：牛筋草连根洗去泥，乌骨雌鸡腹内蒸热，去草食鸡(《本草纲目拾遗》)。

(3) 治湿热黄疸：鲜牛筋草二两，山芝麻一两，水煎服(江西《草药手册》)。

(4) 治下痢：牛筋草一至二两，煎汤调乌糖服，日二次(《闽东本草》)。

(5) 治小儿热结，小腹胀满，小便不利：鲜牛筋草根二两，酌加水煎成一碗，分三次，饭前服(《福建民间草药》)。

(6) 治伤暑发热：鲜牛筋草二两，水煎服(《福建中草药》)。

(7) 治淋浊：鲜牛筋草二两。水煎服(《福建中草药》)。

(8) 治腰部挫闪疼痛：牛筋草、丝瓜络各一两，炖酒服(《闽东本草》)。

(9) 治疝气鲜牛筋草根四两，荔枝干十四个，酌加黄酒和水各半，炖一小时，饭前服，日两次(《福建民间草药》)。

(10) 治乳痈初起，红肿热痛：牛筋草头一两，蒲公英头一两，煮鸡蛋一个服。并将草渣轻揉患处(《闽南民间草药》)。

(11) 预防乙型脑炎：鲜牛筋草二至四两，水煎代茶(《福建中草药》)。

十、野豌豆

(一) 生物学特性

野豌豆，植物界、双子叶植物纲、豆科，多年生草本，产我国西北、西南各省份，俄罗斯、朝鲜、日本亦有，主治补肾调经、祛痰止咳。牛、羊等动物喜食，可作为牲畜的饲草。

(二) 牧草照片

野豌豆形态见图 2-10。

图 2-10 野豌豆

(三) 形态特征

多年生草本，高 30～100 厘米。根茎匍匐，茎柔细斜升或攀缘，具棱，疏被柔毛。偶数羽状复叶长 7～12 厘米，叶轴顶端卷须发达；托叶半戟形，有 2～4 裂齿；小叶 5～7 对，长卵圆形或长圆披针形，长 0.6～3 厘米，宽 0.4～1.3 厘米，先端钝或平截，微凹，有短尖头，基部圆形，两面被疏柔毛，下面较密。短总状花序，花 2～6 朵腋生；花萼钟状，萼齿披针形或锥形，短于萼筒；花冠红色或近紫色至浅粉红色、稀白色；旗瓣近提琴形，先端凹，翼瓣短于旗瓣，龙骨瓣内弯，最短；子房线形，无毛，胚珠 5，子房柄短，花柱与子房连接处呈近 90°夹角；柱头远轴面有一束黄髯毛。荚果宽长圆状，近菱形，长 2.1～2.9 厘米，宽 0.5～0.7 厘米，成熟时亮黑色，先端具喙，微弯。种子 5～7 个，扁圆球形，表皮棕色有斑，种脐长相当于种子圆周的 2/3。花期 6 月，果期 7～8 月。

(四) 应用价值

野豌豆营养丰富，花期叶含粗蛋白为21.29%，比一般紫花苜蓿高；粗纤维叶含20.62%，低于紫苜蓿，茎含42.09%，比沙打旺低，所以各种家畜都喜食。无论青饲、放牧或调制干草均为优质牧草。野豌豆所含必需氨基酸苗期为0.18%～1.41%，花期为0.18%～1.21%，均比紫苜蓿和沙打旺高，是营养丰富的牧草之一。

野豌豆叶繁茂，每株有复叶30～80个，每复叶有小叶8～14个，苗期小叶面积为1厘米^2，花期为2厘米^2，叶面积系数可达3～5。盛花期亩产青草2 000～3 700千克。由于叶量大、覆盖度大，有利于保持土壤表面水分。据测定，在相同条件下，野豌豆覆盖地面的土壤表层含水率比紫花苜蓿高0.32%，说明野豌豆茎叶稠密，可减少水土表层的蒸发。野豌豆根系发达，入土深，可吸收深层土壤水分，故比较耐旱，其耐旱性能可和沙打旺媲美。

野豌豆是牛、羊、马等牲畜蛋白质补充饲料，营养价值较高，籽实的蛋白质含量一般为23%～27%，比禾谷类高1～3倍，不仅含量高，质量也比较好。尤以赖氨酸含量较高，每100克蛋白质中含6.8～7.9克。氨基酸的组成优于小麦。此外，富含硫胺素、核黄素、尼克酸及钙、铁、磷、锌等多种矿物质元素，营养价值比禾谷类、薯类高得多。

十一、胡枝子

(一) 生物学特性

胡枝子是一种豆科植物。这种植物分布于我国的东北、华北、西北、华中至云南地区；此外，朝鲜、日本、前苏联也有。牛、羊等动物喜食，可作为牲畜的饲草。

（二）牧草照片

胡枝子形态见图 2-11。

图 2-11　胡枝子

（三）形态特征

胡枝子属豆科胡枝子属灌木，高 0.5～3 米，分枝细长而多，常拱垂，有棱脊，微有平伏毛。老枝灰褐色，嫩枝黄褐色，疏生短柔毛。三出复叶互生，顶生小叶宽椭圆形或卵状椭圆形，长 1.5～5 厘米，宽 1～2 厘米，先端钝圆，具短刺尖，基部楔形或圆形，叶背面疏生平伏短毛，侧生小叶较小，具短柄，托叶 2，条形。总状花序腋生，总花梗较叶长，花梗长2～3 毫米；花萼杯状，花冠蝶形，紫色，旗瓣倒卵形，翼瓣矩圆形，龙骨瓣与旗瓣近等长。荚果倒卵形，长 6～8 毫米，网脉明显，疏或密被柔毛，含 1 粒种子，种子褐色，歪倒卵形，有紫色斑纹。

（四）应用价值

胡枝子具有多方面的开发价值。

（1）饲料资源。胡枝子是高产型树叶饲料资源，分枝多、叶量丰富。叶子具有浓郁的香味，适口性好，营养价值高，是牛、马、羊、猪、兔、鹿、鱼的好饲料。其粗蛋白含量

13.8%，粗纤维含量35.2%，且产叶量高。胡枝子播种当年产量不高，二年生长加快，株高1厘米时即可割，每年割一次，每亩可采收嫩枝鲜叶500千克左右，产种子1千克。

（2）水土保持。由于其生长快、封闭性好，且适于坡地生长，是丘陵漫岗水土流失区的治理树种。其树冠可截留降雨20%左右；在相同条件下，胡枝子（3年生）植被的地表径流量比杨树幼林（6年生）减少30%左右，比农田减少60%左右，我国西部乃至黑龙江省西部地区水土流失严重，因此，大力发展胡枝子，对控制水土流失意义重大。

（3）生态固氮。胡枝子其根瘤菌，能固定土壤中的游离氮、改良土壤、提高土壤肥力。种植3年后，土壤含氮量增加5.1%，胡枝子氮含量增加1.0%。因此，它又是半山区林粮间作的理想树种，既可起到保持水土作用，又可增加土壤肥力。

（4）蜜源植物。花多、花期长、泌蜜量大。花粉中含有17种氨基酸，各类矿物质16种。微量元素铁、锰、硫、锌含量也较高。

（5）工业原料。胡枝子枝条柔韧细长，俗称“苕条”，是编织业的原料，也是加工纤维板的原料树种，发展编织业，是农民致富的好途径。因此，胡枝子可作为乡镇企业发展的优良资源树种。

（6）薪炭树种。枝条易燃烧、火力旺、烟量小、热量大。栽植后2年即可收获，而且其再生能力强，种植1次，可连续收获，每亩收获500千克薪柴。在我国一些平原乡镇森林覆被率低，农户缺少烧柴。因此，大量培育胡枝子是解决平原乡镇农户燃料的一项有效措施。

（7）油料资源。种子千粒重9.2克，每千克种子约10万粒。含油量9.2%，为木本粮油植物。

此外，胡枝子还是优良的绿化观赏植物和水土保持植物。

十二、歪头菜

（一）生物学特性

歪头菜，豆科。多年生草本。茎直立；偶数羽状复叶，具有小叶 2 枚；总状花序顶生或腋生，蝶形花，蓝紫色或紫红色，花期 6～7 月；荚果扁平，果期 8～9 月。可以做饲料、药用及观赏。

（二）牧草照片

歪头菜形态见图 2-12。

图 2-12　歪头菜

（三）形态特征

歪头菜多年生草本，高可达 1 米。幼枝被淡黄色柔毛。羽状复叶，互生；小叶 2 枚，大小和形状变化很大，卵形至菱形，长 2.5～11 厘米，宽 1～5 厘米，先端钝而有细尖，基部楔形，边缘粗糙；叶柄短；卷须不发达而变为针状；托叶狭菱形，边缘具稀疏粗齿。总状花序腋生；萼斜钟状，萼齿 5，三角形，下面 3 齿高，疏生短毛；花冠紫色或紫红色，旗瓣提琴形，先端微缺，长约 15 毫米，翼瓣先端钝，下部有耳和爪，长约 13 毫米，龙骨瓣曲卵形，有耳及爪，与翼瓣等长；子房具柄，花柱上部有毛。荚果狭矩形，两侧扁，无毛，长 2.5～4 厘米；种子扁圆形，棕褐色。花期 6～8 月。果期 9 月。

分布于我国的东北、华北、西北、华东、华中、西南等地区。生于草地、山沟、岸边、林缘或向阳的灌丛中。喜光，稍耐阴、耐瘠薄，喜冷凉气候。歪头菜种子扁圆形，灰绿色或黑褐色，种脉偏向一侧，属于中小粒种子。

浓硫酸可以破除歪头菜种子的硬实性，对种子萌发有明显的促进作用，提高种子的发芽率。以酸蚀 30 分钟发芽率、发芽势和发芽指数最高，分别为 93%、72%和 19.85，因此播种育苗时，用浓硫酸处理 30 分钟，可提高种子的场圃发芽率，是播种育苗首选的预处理方法。浓硫酸酸蚀加速了种子的吸水进程，是加速种子萌发的原因之一。

歪头菜的最适发芽温度为 20～30℃，其发芽率、发芽指数等指标均较高。据试验，温度 15℃发芽率达 90%，抗寒力较强。生产上播种育苗时，可适时早播，外界环境温度在 15℃即可播种。

光照对歪头菜种子萌发有一定的抑制作用，但影响较小。正常播种覆土厚能满足对黑暗的需要，达到其对种子萌发。

（四）应用价值

歪头菜茎叶繁茂、根系发达、分枝能力强、再生性好、产草量高，1 年可利用 3 次，2 年产量可达 15 吨/公顷，3 年可达

25～30 吨/公顷。叶量较丰，苗期按鲜重计，茎叶比为 1∶1 177，按干物质计为 1∶1 147；花期按鲜重计为 1∶1 182，按干物质计为1∶1 159。茎叶柔嫩，适口性好，营养价值高。从其消化率看，歪头菜较高，干物质中有机物质的消化率为60.61%，消化能 10.46 兆焦/千克，代谢能 7.96 兆焦/千克。歪头菜能行无性繁殖，根茎上抽出的新枝条能开花结实，种子自然更新能力强。抗冻性较好，在贵州海拔1 000米左右的地区，冬季能保持绿色，供草期长，再生性好，是栽培牧草较好的驯化对象，是家畜越冬和秋季抓膘的牧草。

歪头菜植株秀丽，花序硕大成串，花蓝紫色或蓝色，花色艳丽，花期长（6～8 个月），是优良的夏季观花、城市绿化观赏植物，亦可用作地被，嫩叶可食。

十三、羊草

（一）生物学特性

羊草，又名白羊草，白草筋。禾本科赖草属植物的一种，秆散生，直立，高 40～90 厘米，耐寒、耐旱、耐碱，耐牛马践踏，是优秀的草种。

（二）牧草照片

羊草形态见图 2-13。

图 2-13 羊 草

(三) 形态特征

多年生，具下伸或横走根茎；须根具沙套。秆散生，直立，高 40～90 厘米，具 4～5 节。叶鞘光滑，基部残留叶鞘呈纤维状，枯黄色；叶舌截平，顶具裂齿，纸质，长 0.5～1 毫米；叶片长 7～18 厘米，宽 3～6 毫米，扁平或内卷，上面及边缘粗糙，下面较平滑。穗状花序直立，长 7～15 厘米，宽 10～15 毫米；穗轴边缘具细小睫毛，节间长 6～10 毫米，最基部的节长可达 16 毫米；小穗长 10～22 毫米，含 5～10 小花，通常 2 枚生于 1 节，或在上端及基部者常单生，粉绿色，成熟时变黄；小穗轴节间光滑，长 1～1.5 毫米；颖锥状，长 6～8 毫米，等于或短于一小花，不覆盖一外稃的基部，质地较硬，具不显著 3 脉，背面中下部光滑，上部粗糙，边缘微具纤毛；外稃披针形，具狭窄膜质的边缘，顶端渐尖或形成芒状小尖头，背部具不明显的 5 脉，基盘光滑，一外稃长 8～9 毫米；内稃与外稃等长，先端常微 2 裂，上半部脊上具微细纤毛或近于无毛；花药长 3～4 毫米。花果期 6～8 月。

羊草抗寒、抗旱、耐盐碱、耐土壤瘠薄，适应范围很广。多生于开阔平原、起伏的低山丘陵、河滩及盐碱低地。在冬季 −40.5℃可安全越冬、年降水量 250 毫米的地区生长良好。羊草喜湿润的沙壤质栗钙土和黑钙土，在 pH 为 5.5～9.4 时皆可生长，最适于 pH 6～8。在排水不良的草甸土或盐化土、碱化土中亦生长良好，但不耐水淹，长期积水会大量死亡。羊草在湿润年份，茎叶茂盛常不抽穗；干旱年份，草高叶茂，能抽穗结实。羊草根茎发达，根茎上具有潜伏芽，有很强的无性更新能力。早春返青早，生长速度快，秋季休眠晚，青草利用时间长。生育期可达 150 天左右。生长年限长达 10～20 年。

（四）应用价值

羊草草地可放牧利用、青饲和青贮，但主要供调制干草用。现予以简单介绍。

（1）放牧。4 月中旬株高 30 厘米左右后开始放牧，到 6 月上中旬抽穗后，质地粗硬，适口性降低，应停止放牧。通常以放牧羊、牛、马为主，幼嫩时期尚可放牧猪和鹅。要划区轮牧，严防过重放牧。每次放牧至吃去总产量的 1/3 左右即可。也可在冬季利用枯草放牧牛、羊、马。

（2）调制干草。以在孕穗至开花初期，根部养分蓄积量较多的时期刈割。割后晾晒，1 天后，先堆成疏松的小堆，使之慢慢阴干，待含水量降至 16%左右，即可集成大堆，准备运回贮藏。绿色的羊草干草，1 头奶牛日喂量可达 15～20 千克。切短喂或整喂效果均好。羊草干草也可制成草粉或草颗粒、草块、草砖、草饼，供作商品饲草。

十四、赖草

（一）生物学特性

赖草是多年生草本，具下伸的根状茎。秆直立，较粗硬，单生或呈疏丛状，牛、羊、马喜食，可作牲畜饲草，分布于我国东北地区的西部，河北、山西、陕西、宁夏、四川、青海、甘肃、内蒙古和新疆等省份。

（二）牧草照片

赖草形态见图 2-14。

图 2-14　赖　草

（三）形态特征

赖草是多年生草本，具下伸的根状茎。秆直立，较粗硬，单生或呈疏丛状，生殖枝高 45～100 厘米，营养枝高 20～35 厘米，茎部叶鞘残留呈纤维状。叶片长 8～30 厘米，宽 4～7 毫米，深绿色，平展或内卷。穗状花序直立，长 10～15 厘米，宽 0.8～1 毫米，穗轴每节具小穗（1）2～3（4）枚，长 10～15 毫米，含 4～7 小花，小穗轴被短柔毛，颖锥形，长 8～12 毫米，具 1 脉，正覆盖小穗，外稃披针形，被短柔毛，先端渐尖或具 1～3 毫米长的短芒，一外稃长 8～10 毫米，内稃与外稃等长，先端略显分裂。

赖草是适应性较广的禾草。耐旱、耐寒，也能忍耐轻度盐渍化土壤。春季萌发早，一般在 3 月底至 4 月初返青，5 月下旬抽穗，6～7 月开花，7～8 月种子成热。其生长形态随环境而变化较大。在干旱或盐渍较重的生境，生长低矮，有时仅有3～4 片基生叶，而生长在水分条件较好、盐渍化程度较轻的地（河谷冲积平原荒地或水渠边沿），能生长成繁茂的株丛，并以强壮的根茎迅速繁衍，成为独立的优势群落。叶层可高达 30～40 厘米，能正常抽穗、开花，但结实率差，许多小花不孕，故采种较困难。赖草为中旱生植物，然而适应幅度相当广泛，从暖温带、中温带的森林草原到干草原、荒漠草原、草原化荒漠，以至4 500米以上的高寒地带都有分布。既稍喜湿润，又颇耐干旱，能适应轻度盐渍化的生境，与同属羊草相比就对温度和土壤因子而言，有更为广泛的生境适应性。在内蒙古干草原地带的低平滩地、河谷、湖滨低洼的盐渍化草甸土壤上，它常与碱蓬、披碱草、灰藜、猪毛草等组成盐生草甸。适宜赖草生长的土壤广泛，沙质、沙壤质和壤质；栗钙土、淡栗钙土、黑垆土、灰钙土、淡灰钙土、灰漠土和盐渍化草甸土，均可分布。

（四）应用价值

赖草幼嫩时为山羊、绵羊喜食，夏季适口性降低，秋季又见提高，可作为牲畜的抓膘牧草。牛、骆驼终年喜食。在自然状态下，叶量较少而质地粗糙，丛生性差，产量低；结实率低，采种困难。其优点具有一定程度的耐盐渍化，土壤生态适应幅度广；水肥条件稍好时能生长茂盛，现在已经适应我国西北干旱地区轻盐渍化土壤刈牧兼用的栽培草种。在宁夏贺兰山东麓荒漠草原地区栽培（实行根茎移栽）试验，结果良好，栽后 9 天出苗，23 天分蘖，35 天拔节，65 天抽穗，70 天开花，100 天成熟。当年于 6 月 7 日、8 月 11 日和 9 月 15 日刈割 3 次，亩产鲜草 2 730 千克（干草 748.5 千克）。三茬产草率各为 38.3%、50.1%和

11.1%，花期株高为1.037厘米，完熟期为121.2厘米。每株平均分蘖数88个，茎叶比1∶1.97。秋季每亩产种子41.5千克。赖草除作饲用外，根可入药，具有清热、止血和利尿作用；又可用作防风固沙或水土保持草种。

十五、从生隐子草

（一）生物学特性

从生隐子草是多年生禾草，丛生秆细。牛、羊、马喜食，可作牲畜饲草，分布于我国内蒙古、宁夏、甘肃、北京、河北、山西和陕西等省份。

（二）牧草照片

从生隐子草见图2-15。

图2-15　从生隐子草

（三）形态特征

从生隐子草高 20～45 厘米，径约 1 毫米，绿黄色或紫褐色，基部常具短小鳞芽。叶鞘仅鞘口具长柔毛，叶舌具短纤毛，叶片条形，长 3～6 厘米，宽 2～4 毫米，扁平或内卷。圆锥花序长 7～12 厘米，宽 2～4 厘米，分枝常斜上升，长 1～3 厘米，小穗长 5～11 毫米，含（1）3～5 小花，颖卵状披针形，先端钝，具 1 脉，一颖长 1～2 毫米，二颖长 2～2.5 毫米，外稃披针形，5 脉，边缘具柔毛，一外稃长 4～5.5 毫米，先端具长 0.5～1 毫米的短芒，内稃与外稃近等长。

从生隐子草多生于干燥的山坡路旁，为旱中生植物。分布区土壤瘠薄，多砾石，水土流失严重。为灌丛被破坏后的灌草丛演替的类型。在北京地区，多生长在海拔 800 米以下的阳坡、半阳坡或半阴坡。性耐旱、喜暖。常与荆条、铁杆蒿、白羊草、黄背茅等伴生。从生隐子草返青晚，在北京地区，5 月下旬返青，且生长很慢，雨季后开始迅速生长，7～8 月开花，9 月结实，10 月中旬枯黄。

（四）应用价值

从生隐子草柔软，适口性较好，牛、马、羊均喜食。但其叶细，茎软，纤维含量高，群落稀疏，产量低。该草常与适口性较差的灌木共生，仍为家畜喜食的牧草之一。据中国农业大学在北京市密云县采集的样品分析，其粗蛋白质含量只有 6.42%，与优良的禾草相比，其蛋白质的成分要低 50%～60%，但脂肪含量不低，达 10.77%。仍为干旱、贫瘠地区的较好牧草之一。从生隐子草根系发达，能利用砾石地中的水分与养分，也是水土保持植物或矿山恢复植被的优良植物之一。

十六、拂子茅

（一）生物学特性

拂子茅是多年生草本，高 40～150 厘米，具有根状茎。条形粗糙的叶片。在我国各省份均有分布，有多个变种，牛、马、羊喜食，可作牲畜饲草。

（二）牧草照片

拂子茅形态见图 2-16。

图 2-16　拂子茅

（三）形态特征

高 45～100 厘米，径 2～3 毫米。叶鞘平滑或稍粗糙，短于或基部者长于节间；叶舌膜质，长 5～9 毫米，长圆形，先端易破裂；叶片长 15～27 厘米，宽 4～8（13）毫米，扁平或边缘内卷，上面及边缘粗糙，下面较平滑。圆锥花序紧密，圆筒形，劲直、具间断，长 10～25（30）厘米，中部径 1.5～4 厘米，分枝粗糙，直立或斜向上生；小穗长 5～7 毫米，淡绿色或带淡紫色；两颖近等长或二颖微短，先端渐尖，具 1 脉，二颖具 3 脉，主脉粗糙；外稃透明膜质，长约为颖之半，顶端具 2 齿，基盘的柔毛几与颖等长，芒自稃体背中部附近伸出，细直，长 2～3 毫米；内稃长约为外 2/3，顶端细齿裂；小穗轴不延伸于内稃之后，或有时仅于内稃之基部残留 1 微小的痕迹；雄蕊 3，花药黄色，长约 1.5 毫米。花果期 5～9 月。

（四）应用价值

拂子茅为中等偏低饲用植物。幼嫩至抽穗期含粗蛋白质较高，可达 10%左右，马、牛、羊喜食。生长后期，茎叶变粗硬，家畜除非饥饿缺草，几乎不采食；抽穗前打贮的干草为各种家畜乐食，但抽穗开花以后晒制的干草，带大量具长柔毛的穗子，家畜，特别是羔羊采食后易积留在瘤胃中而得“毛球病”，饲喂时应引以注意。拂子茅可作造纸及人造纤维工业的原料；根状茎发达，能护提固岸，稳定河床，是良好的水土保持植物。

十七、鸡眼草

（一）生物学特性

鸡眼草是短穗铁苋菜属一年生或多年生草本，高 10～30 厘米，多分枝。小枝上有向下倒挂的白色细毛。生长于向阳山坡的路旁、田中、林中及水边。分布于我国的东北地区以及河北、山东、江苏、湖北、湖南、福建、广东、云南、贵州、四川等地。功效为清热解毒、健脾利湿。主治感冒发热、暑湿吐泻、疟疾、痢疾、传染性肝炎、热淋、白浊。鸡眼草属是双子叶植物纲、蔷薇亚纲、豆目、蝶形花科下的一个属。本属 2 种，为一年生或多年生草本植物，小陇山林区均产。

（二）牧草照片

鸡眼草形态见图 2-17。

图 2-17　鸡眼草

（三）形态特征

鸡眼草是一年生或多年生草本，高 10～30 厘米，多分枝。小枝上有向下倒挂的白色细毛。3 出羽状复叶，互生；有短柄；小叶细长，长椭圆形或倒卵状长椭圆形，长 2～8 厘米，宽 3～7 毫米，先端圆形，其中脉延伸呈小刺尖，基部楔形；沿中脉及边缘有白色鬃毛。托叶较大，长卵形，急尖，初时淡绿色，干时为淡褐色。花蝶形，1～2 朵，腋生；小苞片 4，卵状披针形；花萼深紫色，钟状，长 2.5～3 毫米，5 裂，裂片阔卵形；花冠浅玫瑰色，较萼长 2～3 倍，旗瓣近圆形，顶端微凹，具爪，基部有小耳，翼瓣长圆形，基部有耳，龙骨瓣半卵形，有短爪和耳，旗瓣和翼瓣近等长，翼瓣和龙骨瓣的末端有深红色斑点；雄蕊 2 体。荚果卵状圆形，顶部稍急尖，有小喙，萼宿存。种子 1 粒，黑色，具不规则的褐色斑点。花期 7～9 月。果期 9～10 月。

（四）应用价值

每 100 克鸡眼草嫩茎叶含蛋白质 6.1 克，脂肪 1.4 克，碳水化合物 13 克，胡萝卜素 126 毫克，维生素 C 270 毫克，B 族维生素 0.80 毫克。全草含芹菜素、槲皮素、异鼠李素葡萄糖苷、木樨草素葡萄糖苷和刺槐素葡萄糖苷等。茎叶含燃料木素、异荭草素、异牡荆素、山柰酚和槲皮素等。可作牛、羊、马等牲畜饲草。

十八、马蔺

（一）生物学特性

马蔺，亦称马莲（花、草）、马兰（花）、紫蓝草、兰花草、箭秆风、山必博、蠡实、旱蒲，是鸢尾科、鸢尾属多年生草本宿根植物。在我国广泛分布于东北、华北和西北等地。

（二）牧草照片

马蔺形态见图 2-18。

图 2-18 马 蔺

（三）形态特征

多年生密丛草本。根状茎粗壮，木质，斜伸，外包有大量致密的红紫色折断的老叶残留叶鞘及毛发状的纤维；须根粗而长，黄白色，少分枝。叶基生，坚韧，灰绿色，条形或狭剑形，长约 50 厘米，宽 4～6 毫米，顶端渐尖，基部鞘状，带红紫色，无明显的中脉。花茎光滑，高 3～10 厘米；苞片 3～5 枚，草质，绿色，边缘白色，披针形，长 4.5～10 厘米，宽 0.8～1.6 厘米，顶端渐尖或长渐尖，内包含有 2～4 朵花；花蓝色，直径 5～6 厘米；花梗长 4～7 厘米；花被管甚短，长约 3 毫米，外花被裂片倒披针形，长 4.5～6.5 厘米，宽 0.8～1.2 厘米，顶端钝或急尖，爪部楔形，内花被裂片狭倒披针形，长 4.2～4.5 厘米，宽 5～7 毫米，爪部狭楔形；雄蕊长 2.5～3.2 厘米，花药黄色，花丝白色；子房纺锤形，长 3～4.5 厘米。蒴果长椭圆状柱形，长 4～6 厘米，直径 1～1.4 厘米，有 6 条明显的肋，顶端有短喙；种子为不规则的多面体，棕褐色，略有光泽。花期为 5～6 月，果期为 6～9 月。

（四）应用价值

从生态学角度看，以草原区分布较为普遍。马蔺抗逆性强，尤其耐盐碱，是盐化草甸的建群种。由于马蔺具有独特的生态生物学特性和利用价值，近年来逐渐被用作水保护坡、园林绿化观赏地建设的优良材料。还可用作家畜饲料，每亩可产干草500千克，又能产生一定的经济效益。

十九、马唐

（一）生物学特性

马唐是一年生草本。苗期4～6月，花果期6～11月抽穗。种子繁殖，边成熟边脱落，繁殖力甚强。主要分布于我国黑龙江、吉林、辽宁、内蒙古、甘肃、新疆、西藏、陕西、山西、河北、四川及台湾等省份。

（二）牧草照片

马唐形态见图2-19。

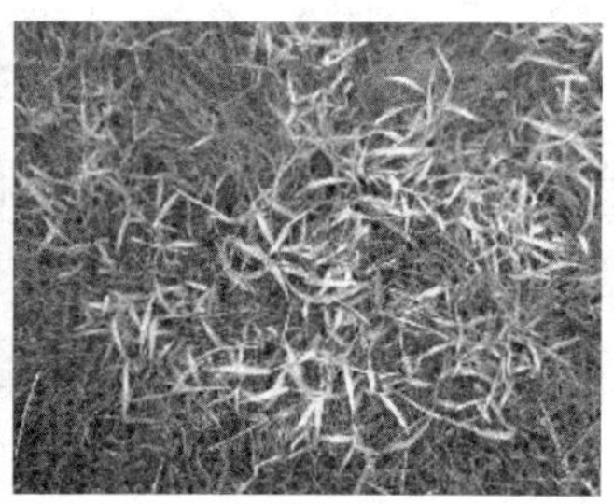

图2-19 马 唐

（三）形态特征

马唐隶属于禾本科、马唐属。一年生草本，形态特征成株须根系较浅。秆丛生，细弱，直立或基部略倾斜。叶鞘疏松裹茎，具脊，无毛或疏生软毛。叶舌干膜质。叶片披针形，基部圆或呈心脏形。总状花序，指状排列于茎顶。全草甘、寒。凉血、止血、收敛。秆直立或基部倾斜，高30～40厘米。叶鞘疏松，具脊，无毛或疏生软毛，除基部者外均短于节间；叶舌长0.5～1

毫米；叶片两面均疏生柔毛或背面无毛，长 2～8 厘米，宽 1～5 毫米。总状花序 2～4 枚，长 2～8 厘米，彼此甚接近或最下 1 枚较离开，距穗轴宽 0.8～1.2 毫米，稍呈波状，两侧绿色部分稍宽于白色的中肋；边缘粗糙。小穗长 1.8～2.3 毫米，每节着生 2～3 枚；一颖微小至缺，透明膜质，无脉；二颖与小穗等长或稍短，较狭窄，具 3 脉，脉间及边缘具棒状柔毛；一外稃具 5 脉，脉间及边缘亦具棒状柔毛。谷粒成熟后黑褐色，与小穗等长。颖果。花果期 7～10 月。

喜温湿气候，主要分布于我国南方，但在北京市、东北地区等也有分布。适应性极强，耐践踏，耐贫瘠土壤，最适土壤 pH 为5.5～7.0。耐水淹，但不耐干旱。最适生长温度为 25～35℃。

（四）应用价值

马唐草具有营养价值高、适应性广等特点，干草含粗蛋白 11.72%、粗脂肪 3.68%、粗纤维 21.85%、无氮浸出物 50.25%、灰分 12.50%，马唐草含有钠、钙、镁、铜、铁、锰、锌等微量元素。可用于牛、羊、马等牲畜饲草。

二十、牛鞭草

（一）生物学特性

牛鞭草为禾本科、牛鞭草属多年生草本植物，牛鞭草（别名牛仔草、铁马鞭），广泛分布于我国长江流域以南各省份及河北、山东、陕西等地。印度尼西亚、印度、美国、巴西等暖温带和热带地区也有分布。可用于牛、羊、马等牲畜饲草。

（二）牧草照片

牛鞭草见图 2-20。

图 2-20　牛鞭草

（三）形态特征

牛鞭草为禾本科牛鞭草属多年生草本植物，秆高 60～150 厘米，基部横卧地面，着土后节处易生根，有分枝。叶片顶端渐尖，基部圆，无毛，边缘粗糙，叶片长 3～13 厘米，宽 3～8 毫米；叶鞘压扁，无毛，鞘口有疏毛。总状花序压扁，长 5～10 厘米，直立，深绿色；穗轴坚韧，不易断落，其节间近等长于无柄小穗；无柄小穗长 4～5 毫米。颖果，蜡黄色。细胞染色体 $2n=54$。

牛鞭草喜温暖湿润气候，在亚热带地区的冬季也能保持青绿。冬季生长缓慢，只有最大生长量的 1/10。夏季生长快，7 月日生长量可达 3.6 厘米。牛鞭草播种出苗快，出苗 15 天即分蘖。

1次分蘖40天后可达47.8厘米。2次分蘖在出苗后30天左右开始，3次分蘖约在出苗后50～60天，4次分蘖则在77天后发生。全生育期中，2次分蘖数量最大，约占总分蘖数的48.6%。牛鞭草再生性好，每年刈割4～6次。

每次刈割后50天即可生长到100厘米以上。刈割促进分蘖，1次刈割后分蘖数增加153.1～174.5倍。牛鞭草喜炎热，耐低温。极端最高温度达39.8℃生长良好，－3℃枝叶仍能保持青绿。在海拔2 132.4米的高山地带，能在有雪覆盖下越冬。该草适宜在年平均气温16.5℃地区生长，气温低影响产量。耐水淹。牛鞭草对土壤要求不严格，以pH为6生长最好，但在pH为4～8时也能存活。牛鞭草根系分泌酚类化合物，抑制豆科牧草的生长，与三叶草、山蚂蟥混播时，豆科牧草均生长不良。

（四）应用价值

牛鞭草植株高大，叶量丰富，适口性好，是牛、羊、兔的优质饲料。一般青饲为好，青饲有清香甜味，各种家畜都喜食。调制干草不易掉叶，但脱水慢、晾晒时间长，遇雨易腐烂。青贮效果好，利用率高。该品种粗蛋白质含量较高，为优良牧草之一。

刈割时期不同，牛鞭草的代谢能值亦不同。从4月2日到8月25日拔节期刈割，干物质中的代谢能为9.26～9.65兆焦/千克，8月28日在开花期刈割，代谢能为9.02～9.13兆焦/千克。拔节期高于结实期。

二十一、披碱草

（一）生物学特性

披碱草，属禾本科，广泛分布于我国东北、西北、西南地区以及内蒙古、河北、河南、山西、陕西等省份，可用于牛、羊、马等牲畜饲草。

（二）牧草照片

披碱草形态见图 2-21。

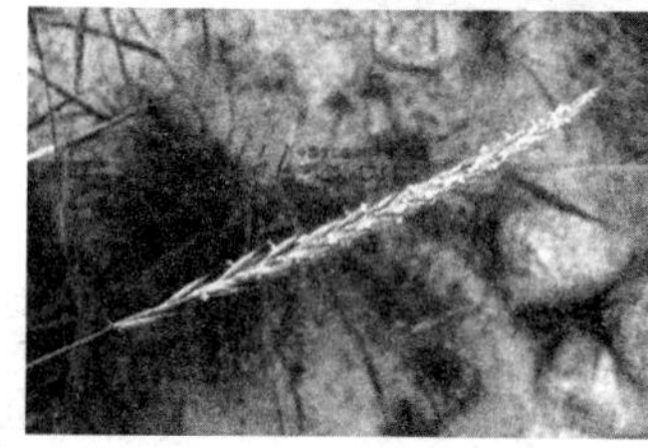

图 2-21 披碱草

（三）形态特征

披碱草种子千粒重为 4.0～4.5 克，种子在萌发时首先吸收水分，其吸水率占种子干重的 62%，是我国该属牧草中吸水较少的一种。种子萌发的最低温度为 5℃，最高温度为 30℃，超过 30℃时种子不能萌发，萌发时的最适温度为 20～25℃。在适宜的水、热条件下，一般萌发迅速而整齐，如在 25℃条件下，当水分充足时，3 天后即可萌发，4～6 天，80%以上的种子均可萌发，种子萌发时，其贮藏营养物质的消耗，占纯净颖果重的 10%左右。披碱草属牧草中的一些种，如肥披碱草、老芒麦、青紫披碱草、圆柱披碱草及加拿大披碱草，种子采收后，均有较长的后熟期，视种类不同可达 3 个月至 1 年以上。但披碱草的种子后熟期较短，据测定，仅 40～60 天，与短芒披碱草及垂穗披碱草相近。因此，用头一年所采收的种子至翌年春季播种时，无需进行种子处理。披碱草种子的种用寿命，在北方室温条件下，可保存2～3年，属短命种子类。在大田播种条件下，4月下旬播种，播后7～8天萌发，种子萌发时先长出胚根。披碱草有种根4条，第一条种根在播后的8天出现，第二条种根在播后的10天出现，第三条种根在16天出现，第四条根则在28天出现，各条种根均以前期生长较快，后期渐趋缓慢，以后播的28～48天内生长较为迅速。苗期一般地下部分较地上部分生长迅速，播后经50天幼苗进入三叶期，此时地下及地上部分的比例约为3∶1。披碱草在播后的38天左右，开始生出节根（次生根或永久根），由于节根的形成与发育，种根的作用逐渐减退，据研究，种根的生活时期为50天左右。播种当年，节根入土深度可达70厘米，两年达110厘米以上。在灌溉条件下，生活3年的植株，在100厘米土层中，根量的70%分布于0～10厘米的土层中，0～20厘米土层中的根量占总根量的87%，50厘米土层以下，根系极少，仅占总根量的4%。

披碱草在播种当年苗期生长很慢，春播条件下，播种当年部分枝条可进入花期，但不能结实，至翌年后即可完成整个生育期。一般在内蒙古4月中下旬或5月初返青，此时日平均气温为9～11℃，7月中旬开花，8月上旬种子成熟。生育期为100～126天。在生育期内，从返青至种子成熟所需≥10℃的积温为1 700～1 900℃，从返青至开花为1 300～1 600℃。从返青至拔节需60～65天，拔节至抽穗为13～15天，抽穗至开花为7～10天，开花至种子成熟为20～25天。披碱草的生育期，有随栽培年限的增加而减少的趋势。生活二、三年为124天，四年为116天，五年为114天。从返青至拔节以前，无论其生长强度及生长速度均较缓慢，从拔节至开花则较迅速，以后生长又趋于缓慢。不同年龄的披碱草，其生长势有较大的差别，二年及三年无论其生长速度及生长强度均较一致，但四、五年均呈明显的减弱。因此，该草的利用年限最适期为一、二年，属短期多年生牧草。披碱草具有较长的果后营养期，在内蒙古呼和浩特，一般 10 月中旬至 11 月初地上部分开始枯黄，从返青至枯黄，历时180～190天，利用时间较长。披碱草一般单株分蘖可达 30～50 个，最多可达 100 个。7 月中旬披碱草进入开花期，其花期晚于同属牧草中的短芒披碱草、垂穗披碱草（6 月上、中旬），亦迟于麦宾草、圆柱披碱草、青紫披碱草、老芒麦（6 月下旬至 7 月上旬），而与肥披碱草、加拿大披碱草相近。从一个花序开花开始至草丛全部花序开花，所持续的时间为 13 天左右，开花不很集中，如短芒披碱草进入开花后的两天，50%以上的花序进入开花，4 天85%以上的花序进入开花。披碱草在不同时期的开花花序数为 2 天占 7%～8%，4 天占 29.1%，6 天占 45.5%，8 天占 59.4%，10 天占 80.3%。因此,开花持续期长,种子成熟不一致,种子的落粒性很强,采种期稍有延误或采种方法不当,则种子损失很大。披碱草一穗开花延续时间,视年份、地区不同为8～10 天,以 14～16 天内,但小花开放较多时间多在开花后的4～8 天内。

披碱草属穗状花序，一穗开花的顺序如同一般穗状花序禾草，即穗状花序中上部的小穗首先开放，然后向花序上下小穗延及，在一个小穗中，下部小花首先开放，并逐步向上延及，顶端小花不开放，或虽开放但常多不结实。在一日中，披碱草上午不开花，开花时间多在 13～16 时内，有的年份可延至 18 时，但大量开花时间多在 14～16 时内。一日内大量开花时的适宜气温为30～35℃（27～35℃），相对湿度为 45%～55%。雨天及气温较低或湿度过大的天气，披碱草的花也不开放。每一小花开放时，内稃首先开裂,二者之间的夹角在 20°左右时,雄蕊出现,40°～60°时，柱头露出稃外，花药散放花粉并下垂，共需 10 分钟左右的时间，开放 15 分钟后开始闭合，一个小花从开始开放至完全闭合，历时 30～45 分钟。披碱草并非严格的异花授粉植物，其自花授粉时的结实率较高。

披碱草能适应较广泛的土壤类型，从自然分布的情况，诸如黑钙土、暗栗钙土、栗钙土及黑垆土地区均有分布，披碱草具有一定的耐盐能力，室内萌发试验表明，当钠盐含量达 0.2%时，对其种子萌发无影响；含量为 0.5%时，发芽率降低 19%；当含量为 0.7%时，与对照相比下降 40%；甚至在 1%时，也有一定的发芽能力。披碱草的耐盐能力高于无芒雀麦、肥披碱草、紫芒披碱草、麦宾草，而低于苏丹草、草芦、黑麦草、短芒披碱草及垂穗披碱草。具有中等抗盐能力。

披碱草具有一定的抗旱能力，在年降水量为 250～300 毫米的地区生长尚好，根据内蒙古白旗额里图牧场栽培，在旱作条件下，当土壤很瘠薄时，1974—1975 年两年平均亩产量为 188 千克（干草），在较肥沃的土壤上则可亩产 500 千克左右。

（四）应用价值

披碱草具有较高的产草量，在内蒙古，有灌溉条件下，亩产干草可达 375～650 千克，旱地栽培，亩产可达 175～200 千克。产草量以利用的一、二年为最高，以后逐渐下降。花期刈割，2 年干草产量每亩可达 337.45 千克，3 年亩产为 283.65 千克，4 年亩产 257.3 千克，5 年则下降至 90.65 千克，仅占两年的 26.9%。适宜的利用年限为 2～4 年。在一年内，不同刈割期，以成熟期产草量为最高，3 年平均亩产 391.05 千克。开花期刈割亩产 377 千克，抽穗期刈割亩产 255.85 千克，成熟期刈割时产草量略高于开花期，但由于品质下降，其蛋白质总收获量反低于开花期。披碱草的种子产量较高，在内蒙古，灌溉条件下，每亩可产 63～132 千克，旱地为 20～57.4 千克。在披碱草草丛中，叶占的比例较少，茎秆所占比例大，而质地粗硬是影响饲料品质的主要原因。据测定，茎占草丛总重量的 50%～70%，叶占 16%～39%，花序占 9.5%～19.0%。分蘖期各种家畜均喜采食。抽穗期至始花期刈割所调制的青干草，家畜亦喜食。迟于盛花期刈割调制的干草，茎秆粗硬而叶量少，可食性下降，利用率下降。披碱草主要作刈割调制干草之用，以营养价值最高的抽穗期刈割为宜。在旱作条件下，一年只能刈割 1 次。亩产干草 150～400 千克。为了不影响越冬，应在霜前一个月结束刈割，留茬以8～10 厘米为好,以利再生和越冬。大面积披碱草可采用割草机刈割,刈割后的草应快速干燥后上垛。注意防止遭雨霉烂。

调制好的披碱草干草，颜色鲜绿，气味芳香，适口性好，马、牛、羊均喜食。绿色的披碱草干草制成的草粉亦可喂猪。青刈披碱草可直接饲喂家畜或调制成青贮饲料喂饲。

二十二、小糠草

（一）生物学特性

小糠草是多年生草本。根茎疏丛型，适应性很强，分布幅度较广。我国温带、暖温带的东北、华北、西北、西南以及亚热带的一些地区、长江流域均有野生。常为草甸，河漫滩以及湿润谷地，沟边的植物群落优势建群种，但面积都不大。

（二）牧草照片

小糠草形态见图 2-22。

图 2-22　小糠草

（三）形态特征

多年生草本。根茎疏丛型。秆高 90～150 厘米，下部膝曲或斜升，具有5～6节。叶稍无毛，多短于节间；叶舌长3～5毫米，先端齿裂，叶片扁平，长17～30厘米，宽3～8毫米，上面微粗糙。圆锥花序尖塔形，疏散展开，长14～30厘米，草绿色或带紫色，成熟后黄紫色，每节具多数簇生的分枝，基部着生小穗，小穗长2～2.5毫米，二颖近等长，具1脉或脊，外稃长2毫米左右，无芒；内稃长为外稃长的2/3或3/4，具2脉。

小糠草具有很强摄取养分的能力，对土壤选择不严，可在多种土壤中生长，尤其耐酸性土壤，在石灰含量很低的土壤上，可正常生长发育。抗寒力强，生活力旺盛。其根茎的繁殖扩侵力很强，可形成松软的草地或草皮，利于放牧，并能防止土壤冲刷。小糠草属于中生性禾草，喜湿润环境，在天然条件下广泛地生长于湿润草甸、草甸草原、河漫滩以及山地沟谷，而在干燥坡地较少见。植株寿命长，一般达5～20年。可借根茎繁殖，故利用期也长，可作永久性人工草地的成分。

（四）应用价值

小糠草的草质柔软，叶量丰富，适口性好，在较长的时期内能保持柔嫩、低纤维状态，尤其是放牧后再生草的质量更好，各种家畜均喜食，为一等优质牧草，小糠草的可消化蛋白质为5.41%、总消化养分为59.34%。小糠草的种子极为细小，千粒重0.09克。茎叶比为1∶2.31。野生小镰草每亩产鲜草200～300千克。小糠草有机物质消化率也较高。

二十三、野黍

（一）生物学特性

野黍为一年生草本。叶条状披针形，总状花序数枚，排列于主轴一侧。喜光、喜水，耐酸碱。生于耕地、田边、撂荒地及居民点、林缘。分布于我国各省份，可放牧，也可刈割调制干草。

（二）牧草照片

野黍形态见图 2-23。

图 2-23　野　黍

（三）形态特征

一年生草本。秆直立，基部分枝，稍倾斜，高 30～100 厘米。叶鞘无毛或被毛或鞘缘一侧被毛，松弛包茎，节具髭毛；叶舌具长约 1 毫米纤毛；叶片扁平，长 5～25 厘米，宽 5～15 毫米，表面具微毛，背面光滑，边缘粗糙。圆锥花序狭长，长 7～15厘米，由 4～8 枚总状花序组成；总状花序长 1.5～4 厘米，密生柔毛，常排列于主轴之一侧；小穗卵状椭圆形，长 4.5～6 毫米；基盘长约 0.6 毫米；小穗柄极短，密生长柔毛；一颖微小，短于或长于基盘；二颖与一外稃皆为膜质，等长于小穗，均被细毛，前者具 5～7 脉，后者具 5 脉；二外稃革质，稍短于小穗，先端钝，具细点状皱纹；鳞被 2，折叠，长约 0.8 毫米，具 7 脉；雄蕊 3；花柱分离。颖果卵圆形，长约 3 毫米。花果期 7～10月。

（四）应用价值

野黍可放牧，也可刈割调制干草。成熟前，茎秆细软，适口性好，叶量丰富，适口性好，牛、马、羊等家畜均喜食，为优质牧草。

二十四、野燕麦

（一）生物学特性

野燕麦为一年生草本植物，是为害麦类等作物的杂草，又称铃铛麦。我国各省份均有分布。该属有 34 种。株高 30～150 厘米。须根；茎丛生；叶鞘松弛，叶舌大而透明；圆锥花序；颖果纺锤形。生活力强，喜潮湿，多发生在耕地、沟渠边和路旁，是小麦的伴生杂草。由于争夺肥、水、光照，造成覆盖荫蔽，常引起小麦早期倒伏或生长不良。但因为牛、羊、马等牲畜喜食，可以作为饲草，现在也有可供人工栽培的燕麦品种。

（二）牧草照片

野燕麦形态见图 2-24。

图 2-24　野燕麦

（三）形态特征

秆直立单生或丛生，有 2～4 个节，株高 60～120 厘米。叶鞘光滑或基部被柔毛；叶舌膜质透明；叶片宽条状。圆锥花序呈塔形开展，分枝轮生，小穗疏生；小穗生 2～3 朵小花，梗长向下弯；两颖近等长，一般9脉；外稃质地坚硬，下部散生粗毛，芒从中间略下伸，2～4厘米长，弯曲扭转，内稃短。颖果长圆形，被浅棕色柔毛，腹面有纵沟。种子繁殖。稻茬小麦田野燕麦多于播种后5～8天出苗，呈秋季单峰型，野燕麦在拔节期以前生长速度比小麦慢，拔节后生长速度加快，与小麦共生到拔节期。严重的共生到返青期。一些麦区为害较重，野燕麦发芽适温为10～20℃，当温度高于25℃时，发芽率显著下降，在土层中出苗深度为0～20厘米，最深达30厘米，野燕麦的分蘖节一般在地表下1～5厘米，在东北和西北麦区，野燕麦于4月上旬出苗，4月中下旬达到出苗高峰，出苗时间可持续20～30天，6月下旬开始抽穗开花，7月中、下旬种子成熟或脱落。成熟种子经90～150天休眠后才萌发。在冬麦区，野燕麦于9～11月出苗，4～5月开花结实，6月枯死。

（四）应用价值

野燕麦有几个变种，主要分布在寒温带地区，性喜凉爽。一年生草本，根系发达。穗和其他麦类不同，向四周开散，分成许多小穗。籽粒缺麦胶。所以，适宜在地广人稀的地区种植。因为牛、羊、马等牲畜喜食，所以可以用于牲畜饲料，秸秆也作为牲畜青饲料，主要用来为奶牛、马等需要精饲料的牲畜提供营养，人类也能以燕麦的籽粒作为食品，蛋白质含量较高，但单产很低。

第三章

人工栽培牧草

一、紫花苜蓿

（一）生物学特性

紫花苜蓿，属豆目豆科蝶形花亚科苜蓿属，别名紫苜蓿、苜蓿、苜蓿花（图 3-1）。

图 3-1 紫花苜蓿

（二）形态特征

1. 特征特性 紫花苜蓿株高 1 米左右，株形半直立，轴根型，扎根很深。单株分枝多，茎细而密，叶片小而厚，叶色浓绿，花深紫色，花序紧凑；荚果暗褐色，螺旋形，2～3 圈；种子肾形，黄色，千粒重 1.8 克左右。抗旱性强，抗寒性中等，开花比关中苜蓿晚 7～10 天，比新疆大叶苜蓿早 10 天左右。陇东苜蓿产草量高，尤其是一茬草产量高，一般头茬草占总产量的55%、二茬占31%、三茬占14%左右。一般旱地鲜草产量2 000～4 000千克/亩，水浇地每亩可达5 000千克以上。由于含水分少，干草产量高，草地持久性强，长寿。缺点是收割后再生速度较慢。陇东苜蓿是旱作条件下的高产品种，只宜在降水量适中的旱作地区推广。

2. 牧草形态 紫花苜蓿是豆科苜蓿属多年生草本植物，根系发达，主根入土深达数米至数十米；根颈密生许多茎芽，显露于地面或埋入表土中，颈蘖枝条多达十余条至上百条。茎秆斜上或直立，光滑，略呈方形，高100～150厘米，分枝很多。叶为羽状三出复叶，小叶长圆形或卵圆形，先端有锯齿，中叶略大。总状花序簇生，每簇有小花20～30朵，蝶形花有短柄，雄蕊10枚，1离9合，组成联合雄蕊管，有弹性；雌蕊1个。荚果螺旋形，2～4回，表面光滑，有不甚明显的脉纹，幼嫩时淡绿色，成熟后呈黑褐色，不开裂，每荚含种子2～9粒。种子肾形，黄色或淡黄褐色，表面有光泽，陈旧种子色暗；千粒重1.5～2.3克，每千克有30万～50万粒。

3. 牧草特性 多年生豆科牧草，紫花苜蓿抗逆性强，适应范围广，能生长在多种类型的气候、土壤环境下。性喜干燥、温暖、多晴天、少雨天的气候和高燥、疏松、排水良好，富含钙质的土壤。最适气温25～30℃；年降水量为400～800毫米的地方生长良好，超过1 000毫米则生长不良。年降水量在400毫米以内，需有灌溉条件才生长旺盛。夏季多雨湿热天气最为不利。紫花苜蓿蒸腾系数高，生长需水量多。每构成1克干物质约需水800克，但又最忌积水，若连续淹水1～2天即大量死亡。紫花苜蓿适应在中性至微碱性土壤上种植，不适应强酸、强碱性土壤，最适土壤pH为7～8，土壤含可溶性盐在0.3%以下就能生长。在海拔2 700米以下、无霜期100天以上、全年≥10℃积温1 700℃以上、年平均气温4℃以上的地区都是紫花苜蓿宜植区。

紫花苜蓿属于强光作用植物，刚开展的叶片同化二氧化碳的最大量每小时每平方米为70毫克；叶片的淀粉含量昼夜变幅大，干重从上午的8%增加至日落时的20%，其后含量急剧下降，叶片是进行光合作用的场所，一个发育良好的苜蓿群体叶面积指数通常为5，每平方米有中等大小的叶片5 000～15 000个。

（三）产地分布

紫花苜蓿原产伊朗，是当今世界分布最广的栽培牧草，在我国已有2 000多年的栽培历史，主要产区在西北、华北、东北和江淮流域。据不完全统计，目前全世界紫花苜蓿种植面积约1 200多万公顷。

（四）用法及价值

紫花苜蓿有“牧草之王”的称号，突出的优点表现在饲用上：

1. 产草量高　紫花苜蓿的产草量因生长年限和自然条件不同而变化范围很大，播后2～5年的每亩鲜草产量一般在2 000～4 000千克，干草产量500～800千克。在水热条件较好的地区每亩可产干草733～800千克；干旱低温的地区，每亩产干草400～730千克；荒漠绿洲的灌区，每亩产干草800～1 000千克。

2. 利用年限长　紫花苜蓿寿命可达30年之久，田间栽培利用年限多达7～10年。但其产量，在进入高产期后，随年龄的增加而下降。

3. 再生性强　紫花苜蓿再生性很强，刈割后能很快恢复生机，一般一年可刈割2～4次，多者可刈割5～6次。

4. 适口性强　紫花苜蓿茎叶柔嫩鲜美，不论青饲、青贮、调制青干草、加工草粉、用于配合饲料或混合饲料，各类畜禽都最喜食，也是养猪及养禽业首选青饲料。

5. 营养丰富　紫花苜蓿茎叶中含有丰富的蛋白质、矿物质、多种维生素及胡萝卜素，特别是叶片中含量更高。紫花苜蓿鲜嫩状态时，叶片重量占全株的50%左右，叶片中粗蛋白质含量比茎秆高1～1.5倍，粗纤维含量比茎秆少一半以上。在同等面积的土地上，紫花苜蓿的可消化总养料是禾本科牧草的2倍，可消化蛋白质是2.5倍，矿物质是6倍。

6. 利用方式多样

(1) 调制干草。苜蓿最重要的利用方式是调制干草饲喂家畜。调制干草要在始花后选晴天及时收割。调制时要尽量防止叶片脱落。若苜蓿稍凋萎，可铺于地面将茎碾压挤出水分。调制要迅速，以免营养损失。制成干草后粉碎，与精料混合饲喂家畜。

(2) 青饲。青饲时要注意随割随喂，在阴凉处散放，不要隔夜堆放。每日每头喂量：奶牛25～30千克，母猪10千克，育成猪5～7千克，鸡0.1～0.15千克。

(3) 半干青贮。由于苜蓿含淀粉和糖分少，不宜单独青贮，常与玉米混合青贮。割后凋萎，含水量减少到50%，切碎与玉米混合制成半干青贮料，作为蛋白质补充饲料。

(4) 加工成苜蓿草粉。这种制作是多种加工储存方式中营养损失较少的一种。现在多采用快速高温干燥法生产草粉，其方式有脱水苜蓿粉的生产，将收割后的苜蓿切断后以转鼓高温气流式牧草加工机组进行加工。在这个过程中，外界的高温空气将热能迅速传导给切碎的苜蓿草段，使鲜草中的水分迅速蒸发，经过几分钟的处理，即可得到干燥的草粉。因此，植物体本身生物化学变化和外界机械作用引起的营养流失大幅度降低。该加工过程受气候因素的影响小，生产周期短，生产效率高，可以充分起到利用资源的作用。紫花苜蓿加工成草粉作为家畜配合饲料的主要原料使用，起平衡日粮氨基酸、提供丰富的维生素的作用，并提供优质纤维素。据报道，用脱水苜蓿和其他牧草一起饲喂奶牛，能提高牛奶产量，能提高泌乳的持久性，降低牛奶的乳脂率。脱水苜蓿和尿素相结合可替代奶牛日粮中的大豆粕。

（五）种植方法

紫花苜蓿为豆科苜蓿属多年生直立型草本植物，株高0.8～1.6米，具有营养丰富（干草粗蛋白质含量在18%～26%，矿物质含量高，各种维生素也很丰富）、适应性强（耐寒、耐旱、耐盐碱）、产量高（一般亩产干草1 000～1 800千克）等特点，被誉为“牧草之王”。其栽培技术如下：

1. 播种前的准备

（1）选地：以土层深厚疏松，排灌方便，pH为6.5～7.5的中性或微碱性土壤最为适宜。在土壤含盐量0.2%的盐碱地上也能生长良好，不适于黏土。

（2）整地：精细整地，彻底清除杂草。春播时，需在上一年作物收获后浅耕灭茬，除草，保墒，然后深翻，耕深要达20厘米，再耙、压，使其平整；秋播要在作物收获后，深耕、耙平、磨碎。

（3）施底肥：结合整地施底肥，亩施2 000千克厩肥、10千克尿素、20千克硫酸钾和50千克过磷酸钙。由于种子不耐盐，播前应对土壤灌水洗盐，或雨后播种才易出全苗。

2. 播种

（1）种子处理：种子要经过清选，晒干，使种子的净度达到90%；播前可将农药、除草剂、根瘤菌和肥料按比例配置拌种，避免苗期病虫害。用根瘤菌等细菌肥料拌种（1千克根瘤菌可拌10千克种子），能提高产量20%以上。

（2）播种时间：种子发芽需要两个条件：一是地温在5～6℃，最适温度在25℃以内；二是需要较多的水分。以春播和秋播效果最好。偏盐碱地块不宜春播，易造成死苗。①顶凌春播。春季需在清明前（3月底至4月初）顶凌播种。此时土壤刚解冻，湿度大，易获全苗。过晚正逢春旱大风，出苗困难。②夏播。一般在6～7月。此期气温高，雨水多，幼苗生长快，但杂草也多，病虫害发生频繁。③秋播。一般在8月底至9月初。此期在雨季后，土壤墒情好，温度适宜，杂草长势减慢，播种成功率最高。不论采用哪种播种方式，均应结合下雨或灌溉，雨后最好。播后要镇压，以利种子发芽。

（3）播种方法：一般采用条播，行距 30～40 厘米。目前推广的密垄稀植技术，行距 15～20 厘米，既增加覆盖，提高产量，又便于田间管理。

（4）播种量：选进口种子，每亩用量 0.75～1.0 千克；国产种子，每亩用量 1.0～1.5 千克。盐碱地用量适当增加。干旱地区因水分不足，播种不可过密。亩用量干燥时用低限，湿润时用高限。

（5）播种深度：苜蓿种子甚小，播深视土壤种类而定，湿土浅播，干土稍深。一般为 2～3 厘米，沙质土 3～4 厘米，黏土为 2 厘米。

（6）镇压：若土壤疏松，播前先镇压一遍，便于掌握深度；播种后再镇压一遍，有利于保墒。

3. 管理

（1）补苗：播种后要及时查苗补种，确保种植密度。

（2）灌水与排水：灌水用沟灌、喷灌均可。冬前、返青后各浇一遍水；刈割后，视干旱情况，适时浇水；对新种的苜蓿保苗浇水时，须在幼苗长出 3 片真叶，株高 5 厘米以上时进行。苜蓿的根系不耐淹，水淹 24 小时会造成死亡，雨季低洼地应注意及时排除田间积水。

（3）施肥：播前施足底肥。每亩用过磷酸钙 20～30 千克，与厩肥2 000千克同时施入。目前各地推广的细菌肥料，如增产菌、EM、喷施宝等都可促进苜蓿生长。

（4）除草：返青后、幼苗期、二次刈割前后都要除草。一般在灌水后除草，可采用中耕、耙切及化学药剂等方法。化学除草剂分为 3 种：一是播种前适用的土壤处理除草剂，如地乐胺、灭草猛、草甘膦等；二是苗前适用的除草剂，如地乐胺、禾耐斯、都尔等；三是苗后适用的除草剂，如普施特、豆草隆、苯达松等。但注意药效应在刈割前 2～3 周失效，以免造成家畜中毒。

（5）病虫害防治：生长 4 年以后，苜蓿的病虫害较多。可用药剂、提前刈割、摘除病叶等方法防治，但根本的防治措施还在于选用抗病品种及播前药物拌种。

（6）收割：苜蓿每年可刈割 3～5 次。苜蓿从始花期到盛花期为 7～10 天，一次刈割在始花期（1/10 开花）最适宜，此时蛋白质含量最高；最晚不能晚过盛花期，否则，落叶严重，茎秆纤维化，品质下降。一茬苜蓿草收割时间大约在 5 月中下旬；以后视水肥条件，每隔 30～40 天割一次，刈割时留茬 5 厘米左右，过高过低都不好；在最后一次刈割时，要注意留 40～50 天的生长期，以利于越冬。刈割后阴干半天，及时打捆贮藏，否则过干会造成落叶，影响草的质量。

（六）对牛奶品质的影响

苜蓿对养牛业来说是优质牧草，既可以改善乳脂率，还可以使牛乳中维生素含量增加，特别是脂溶性维生素。姜之杰等（1982）利用苜蓿干草和半干青贮饲喂乳牛，产乳量明显提高，并使乳脂率由 3.43%提高到 3.52%。Kirkpatrich 等（1984）证明，苜蓿可以替代乳牛部分精料，并能提高乳脂率，而不影响乳产量。

二、苏丹草

（一）生物学特性

苏丹草，莎草目禾本科高粱属一年生草本植物。喜温暖湿润，耐旱力强，不耐寒，不耐涝。种子发芽最低温度 8～12℃，最适温度 20～30℃（图 3-2）。

图 3-2 苏丹草

（二）形态特征

1. 形态特征 苏丹草是禾本科高粱属一年生草本植物。须根，根系发达入土深，可达 2.5 米。茎直立，呈圆柱状，高2～3米，粗 0.8～2.0 厘米。分蘖力强，侧枝多，一般 1 株 15～25个，最多 40～100 个。叶 7～8 片，宽线形，长 60 厘米，宽 4 厘米，色深绿，表面光滑；叶鞘稍长，全包茎，无叶耳。圆锥花序，较松散，分枝细长，每节着生两枚小穗，一无柄，为两性花，能结实；一有柄，为雄性花，不结实。结实小穗颖厚有光泽。颖果扁卵形，籽粒全被内外稃包被，种子颜色依品种不同有黄、紫、黑之分，千粒重 10～15 克。广泛分布于温带和亚热带，一年生草本；须根粗壮。秆较细，高 1～2.5 米，直径 3～6 毫米，单生或自基部发出数至多秆而丛生。叶鞘基部者长于节间，上部者短于节间，无毛，或基部及鞘口具柔毛；叶舌硬膜质，棕褐色，顶端具毛；叶片线形或线状披针形，长 15～30 厘米，宽1～3 厘米，向先端渐狭而尖锐，中部以下逐渐收狭，上面晴绿色或嵌有紫褐色的斑块，背面淡绿色，中脉粗，在背面隆起，两面无毛。圆锥花序狭长卵形至塔形，较疏松，长 15～30 厘米，宽 6～12 厘米，主轴具棱，棱间具浅沟槽，分枝斜升，开展，细弱而弯曲，具小刺毛而微粗糙，下部的分枝长 7～12 厘米，上部者较短，每一分枝具 2～5 节，具微毛。无柄小穗长椭圆形，或长椭圆状披针形，长6～7.5 毫米，宽 2～3 毫米；一颖纸质，边缘内折，具 11～13 脉，脉可达基部，脉间通常具横脉，二颖背部圆凸，具 5～7 脉，可达中部或中部以下，脉间亦具横脉；一外稃椭圆状披针形，透明膜质，长 5～6.5 毫米，无毛或边缘具纤毛；二外稃卵形或卵状椭圆形，长 3.5～4.5 毫米，顶端具 0.5～1 毫米的裂缝，自裂缝间伸出长 10～16 毫米的芒，雄蕊 3 枚，花药长圆形，长约 4 毫米；花柱 2 枚，柱头帚状。颖果椭圆形至倒卵状椭圆形，长 3.5～4.5 毫米。有柄小穗宿存，雄性或有时为中性，长 5.5～8 毫米，绿黄色至紫褐色；稃体透明膜质，无芒。花果期 7～9 月。

2. 牧草特性　苏丹草喜温暖，不耐寒，种子发芽最低温度 8℃，最适温度为 20～25℃；幼苗遇低于 3℃的温度即受冻害或完全冻死。成株在低于 12℃时生长变慢。根系强大，入土很深，能利用土壤深层的水分和营养。抗旱能力极强，在降水量仅 250 毫米地区种植仍可获得较高产量。对土壤要求不严，一般土壤均可种植，但不宜种植在沼泽土和流沙地上。对水肥反应良好。要获高产，必须施肥灌水。对其后作，也要多施肥料保证丰产。苏丹草宜在晚霜后播种。生育期 100～120 天。进入分蘖期后的整个生育过程中能不断分蘖，而且从分蘖开始，生长速度加快，一昼夜生长 5～10 厘米。这期间施肥灌水可获高产。据研究表明，在管理粗放时，每亩产青草1 250千克，种子 50 多千克；在水肥条件好时，一年割草两次，亩产青草3 500千克，种子 100 多千克。

3. 牧草毒性　苏丹草为高粱属植物，茎叶中含有氢氰酸，其毒性较大。中毒的主要特征为：呼吸困难，全身极度衰弱无力，肌肉痉挛、瞳孔散大，脉搏细弱，最后昏迷、衰竭而死。家畜发病后应立即用亚硝酸钠 1 克、硫代硫酸钠 2.5 克、注射用水

50毫升，混合后静脉注射。另外，玉米苗、高粱苗、南瓜秧等也含有较高的氰甙，家畜采食后，氰甙也会转化为氢氰酸。因此，使用这类作物作饲料时，最好能将其调成青贮饲料，或收割后进行晾晒，这样毒素含量也会降低，不致引起家畜中毒。

（三）产地分布

苏丹草原产于非洲的苏丹高原。在欧洲、北美洲及亚洲大陆栽培广泛。新中国成立前已经引进，现南北各省份均有较大面积的栽培。经多年的栽培试验和小面积的推广种植证明，苏丹草是耐旱、产高、质优、适宜在气候温暖、干旱地区种植一年生优良牧草。

苏丹草为一年生牧草，其营养价值较高、质地柔软、适口性好，是牛、羊、猪、马等牲畜良好的放牧草，更被誉为“养鱼青饲料之王”。苏丹草再生能力较强，一年可刈割8～10次，亩产1万千克。其既可青刈，又可青贮和调制干草等。该草抗旱能力强，适应性广，全国各地均可种植。苏丹草具有广泛的适应性，我国南至海南岛，北至内蒙古均能栽培。

（四）用法及价值

1. 饲用价值及利用技术 苏丹草抗旱能力强，能很好地适应气候温暖干旱地区的自然条件。分蘖期长，分蘖数量多，生长迅速，再生能力好，一年可刈割2～3次。产量高而稳定，草质好、营养丰富，其蛋白质含量居一年生禾本科牧草之首。用于调制干草，青贮、青饲或放牧，马、牛、羊都喜采食，也是养鱼的好饲料。

2. 经济价值 苏丹草作为夏季利用的青饲料最有价值。中夏生产鲜草最多，可作为此时乳牛的青饲料，苏丹草的茎叶比玉米、高粱柔软，晒制干草也比较容易。每年刈割2～3次，留茬7～8厘米，可生产鲜草8 000～10 000千克，喂肉用牛的效果和喂苜蓿、高粱干草无多大的差别，羊、鱼、猪也喜欢。

3. 牧草营养价值　产量高而稳定，草质好、营养丰富，其蛋白质含量居一年生禾本科牧草之首。用于调制干草，青贮、青饲或放牧，马、牛、羊都喜采食，也是养鱼的好饲料。抽穗期干物质中含粗蛋白质 15.3%，粗脂肪 2.8%，粗纤维 25.9%，无氮浸出物 47.2%，粗灰分 8.8%，钙 0.57%，磷 0.27%。幼苗和幼嫩的再生草含少量氢氰酸，特别是在干旱或寒冷条件下生长受到抑制时，氢氰酸含量增加，有毒害危险，应防止牲畜中毒。但随着植株长大，株高达 50～60 厘米以上时刈割，刈割后稍加晾晒，可避免家畜中毒。

4. 收获和利用　苏丹草的收获期应考虑到它的产草量、营养价值和再生能力。从饲料的产量和品质考虑，宜在抽穗及盛花期收割苏丹草。若与豆科作物混播时，则应在豆科草现蕾时收割，收割过晚，往往二茬只留下苏丹草，使豆科草易失去再生能力。在气候寒冷，生长季、较短的地区，一茬收割不宜过晚，否则二茬草的产量很低。如调制干草，最好在抽穗前收割，过迟可食性降低。青贮的苏丹草，在乳熟期收割为宜。苏丹草作为夏季利用的青饲料饲用价值很高，饲喂奶牛可维持高额产奶量。也可饲喂其他家畜。苏丹草的茎叶比玉米、高粱柔软，易于晒制干草。苏丹草再生力强，一茬适于刈割鲜喂或晒制干草，二茬以后，再生草进行放牧。苏丹草的茎叶产量高，含糖量丰富，可与高粱杂交，杂交后植株高大，鲜草产量高。在旱作区栽培，用来调制青贮饲料，饲用价值超过玉米青贮料。

（五）种植方法

1. 高产栽培技术

（1）整地：苏丹草根系发达，应充分整地，创造疏松的耕层环境。一般深耕 20～22 厘米，并及时耙压。种植前要施足底肥，对红壤、黄壤和盐渍化土壤更应增施磷肥。

(2) 播种：当表土土温稳定在10℃以上时即可春播，播期可延至7月。一般采用条播，行距为30厘米，每亩用种量2～3千克，播种深度2～3厘米，播后要填压。苏丹草可与一年生豆类作物混播。

(3) 田间管理：苏丹草出苗后应及时中耕除草，一般苗高10～15厘米时开始中耕除草一次，15天后视情况再除草一次，将杂草消灭在封垄前。此外，除播种前放足底肥外，在分蘖、拔节孕穗期以及每次收刈后，均应及时结合灌溉或淋水进行追肥一次。

苏丹草种子：苏丹草根系发达，株体生长旺盛，需要从土壤中吸取大量的营养，因而整地要求深翻，并施足底肥，每亩有机肥料1 500～2 000千克。在晚霜过后地表温度达12～14℃时即可开始下种。为保证长夏绿饲草不断线，可于每隔20～25天播种一次。苏丹草种子田间发芽率低，收草田每亩播种量2.5～3.0千克，收种田可减半。宜条播，收草行距30～40厘米，收种行距50厘米。一般覆土深度4～5厘米，土壤墒情差时可深达6厘米。苗期易受杂草危害，要注意中耕除草。每次刈割后，都应灌溉和追施速效氮肥。青饲或青贮以孕穗至乳熟期为宜。调制干草以抽穗期为宜。刈割留茬6～10厘米，以利再生，收种子宜在主茎的种子成熟时进行。如果等到分枝上的种子成熟才收种子，则主茎上价值最高的种子早已脱落。种子成熟时穗色变黄而干燥，种粒有光泽，压之有硬感。苏丹草幼苗期含氰氢酸较高，以后随生长而减少。宜在株高50～60厘米时刈割，割后稍加晾晒，而后饲喂，可避免牲畜中毒。苏丹草种子与其他谷类种子比蛋白质含量也高，却因含有单宁，具收敛作用，不宜作精料。但与其他谷实等量混合，仍可饲用。

2. 主要饲用技术

(1) 放牧利用：苏丹草地可供牛、羊、猪、马等家畜放牧采食，无患膨胀病之虑。一般一次放牧在拔节初期；二次在孕穗期；三次在抽穗期；四次在霜前或霜后至全部吃完。

（2）青刈青饲：苏丹草作为马、牛、羊、猪、兔及鱼类的优质青绿多汁饲料，可分期刈割饲用。一般株高 50～70 厘米时可一次刈割，以后每隔 20～30 天刈割一次。若用苏丹草幼嫩鲜草喂猪，可占日粮 1/3～1/2，以打浆或粉碎喂给；养牛每天每头需喂 30～40 千克鲜草；羊、兔可以整喂或切短喂给；喂鱼时，将鲜草粉碎后喂给，效果更佳。

三、黑麦草

（一）生物学特性

黑麦草属禾本目禾本科黑麦草属植物，约 10 种，包括欧亚大陆温带地区的饲草和草场禾草及一些有毒杂草。黑麦草是重要的栽培牧草和绿肥作物（图 3-3）。本属约有 10 种，我国有 7 种。其中，多年生黑麦草和多花黑麦草是具有经济价值的栽培牧草。现新西兰、澳大利亚、美国和英国广泛栽培用作牛羊的饲草。各地普遍引种栽培的优良牧草。生于草甸草场，路旁湿地常见。广泛分布于克什米尔地区、巴基斯坦、欧洲、亚洲暖温带、非洲北部。黑麦草就 04 年截至的统计来看，全球有 20 多个品种，经济价值最高、栽培最广泛的有两种：即多年生黑麦草和多花黑麦草。

图 3-3　黑麦草

（二）形态特征

1. 形态特征　多年生，具细弱根状茎。秆丛生，高 30～90 厘米，具 3～4 节，质软，基部、上生根。叶舌长约 2 毫米；叶片线形，长 5～20 厘米，宽 3～6 毫米，柔软，具微毛，有时具叶耳。穗形穗状花序直立或稍弯，长 10～20 厘米，宽 5～8 毫米；小穗轴、间长约 1 毫米，平滑无毛；颖披针形，为其小穗长的 1/3，具 5 脉，边缘狭膜质；外稃长圆形，草质，长 5～9 毫米，具 5 脉，平滑，基盘明显，顶端无芒，或上部小穗具短芒，一外稃长约 7 毫米；内稃与外稃等长，两脊生短纤毛。颖果长约为宽的 3 倍。花果期 5～7 月。

黑麦草高 0.3～1 米，叶坚韧、深绿色。小穗长在“之”字形花轴上。多年生黑麦草和意大利黑麦草萌芽早，为牧场和草地所收草籽中的重要成分。毒麦常有为毒真菌所侵染，其种子还含有麻醉性有毒成分，二者对于草场动物十分危险。黑麦草为禾本科黑麦草属，在春、秋季生长繁茂，草质柔嫩多汁，适口性好，是牛、羊、兔、猪、鸡、鹅、鱼的好饲料。供草期为 10 月至翌年 5 月，夏天不能生长。黑麦草是禾本科黑麦属多年生疏丛型草本植物。株高 80～100 厘米。须根发达，主要分布于 15 厘米深的土层中。茎直立，光滑中空，色浅绿。单株分蘖一般 60～100 个，多者可达 250～300 个。叶片深绿有光泽，长15～35 厘米，宽 0.3～0.6 厘米，多下披。叶鞘长于或等于节间，紧包茎；叶舌膜质，长约 1 毫米。穗状花序长 20～30 厘米，每穗有小穗 15～25 个，小穗无柄，紧密互生于穗轴两侧，长10～14 毫米；有花 5～11 枚，结实 3～5 粒。一颖常常退化，二颖质地坚硬，有脉纹 3～5 条，长 6～12 毫米。外稃长 4～7 毫米，质薄，端钝，无芒；内稃和外稃等长，顶端尖锐，透明，边有细毛。颖果梭形。种子千粒重 1.5 克。

2. 生长习性 生于草甸草场，路旁湿地常见。黑麦草须根发达，但入土不深，丛生，分蘖很多，种子千粒重 2 克左右，黑麦草喜温暖湿润土壤，适宜土壤 pH 为 6～7。该草在昼夜温度为 12～27℃时再生能力强，光照强，日照短，温度较低对分蘖有利，遮阳对黑麦草生长不利。黑麦草耐湿，但在排水不良或地下水位过高时不利于黑麦草生长，可在短时间内提供较多青饲料，是春秋季畜禽的良好草资源。

（三）产地分布

多年生黑麦草，原产西南欧、北非及亚洲西南地区。现在英国、法国、新西兰、美国、日本等国家广泛种植。其在我国长江流域如四川、云南、贵州、湖南一带高山地区生长良好。

多花黑麦草，原产于地中海沿岸，分布于欧洲南部、非洲北部以及小亚细亚广大地区。世界各温带和亚热带地区广泛栽培。在我国适合长江流域及其以南地区种植。

（四）用法及价值

1. 饲料价值　喂养饲料：黑麦草生长快、分蘖多、能耐牧，是优质的放牧用牧草，也是禾本科牧草中可消化物质产量最高的牧草之一。常以单播或与多种牧草作物如紫云英、白三叶、红三叶、苕子等混播。牛、羊、马尤喜欢其混播草地，不仅增膘长肉快，产奶多，还能、省精料。牛、马、羊一般在播后2个月即可轻牧一次，以后每隔1个月可放牧一次。放牧时应分区进行，严防重牧。每次放牧的采食量，以控制在鲜草总量的60%～70%为宜。每次放牧后要追肥和灌水一次。

黑麦草营养价值高，富含蛋白质、矿物质和维生素，其中干草粗蛋白含量高达25%以上，且叶多质嫩，适口性好，可直接喂养牛、羊、马、兔、鹿、猪、鹅、鸵鸟、鱼等。牛、马、羊、鹿饲用尤以孕穗期至抽穗期刈割为佳，可采取直接投喂或切段饲喂；用以饲喂猪、兔、家禽和鱼，则在拔节至孕穗期间刈割为佳，以切碎或打浆拌料喂给。青刈舍饲应现刈现喂，不要刈割太多，以免浪费。黑麦草青贮，可解决供求上出现的季节不平衡和地域不平衡问题，同时也可解决盛产期雨季不宜调制干草的困难，并获得较青刈玉米品质更为优良的青贮料。青贮在抽穗至开花期刈割，应边割边贮。如果黑麦草含水量超过75%，则应添加草粉、麸糠等干物，或晾晒一天消除部分水分后再贮。发酵良好的青贮黑麦草，具有浓厚的醇甜水果香味，是最佳的冬季饲料。

黑麦草属于细茎草类，干燥失水快，可调制成优良的绿色干草和干草粉。一般可在开花期选择连续3天以上的晴天刈割，割下就地摊成薄层晾晒，晒至含水量在14%以下时堆成垛。也可制成草粉、草块、草饼等，供冬春喂饲，或作商品饲料，或与精料混配利用。

除牛、羊、兔、鹿等草食性家畜特别喜食特高外，它还是饲喂草鱼、鹅和猪的优质饲草。

2. 营养成分 黑麦草粗蛋白4.93%，粗脂肪1.06%，无氮浸出物4.57%，钙0.075%，磷0.07%。其中，粗蛋白、粗脂肪比本地杂草含量高出3倍。

（五）种植方法

可青饲、青贮或调制干草，也适于放牧利用。与白三叶、红三叶、百脉根等混播，能建成高产优质的刈牧兼用草地。营养价值高，开花前刈制干草，每100千克含可消化蛋白质4.9千克。多年生黑麦草是一草多用的优良牧草。由于其根系发达，生长迅速，耕地种植可增加种植地的土壤有机质，改善种植地土壤的物理结构；坡地种植，可护坡固土，防止土壤侵蚀，减少水土流失。多年生黑麦草为冷季型草种，生长迅速成坪速度快，常作为庭院和风景区绿化的先锋草种，也可以在狗牙根等暖季型草坪上，常作为补播材料，从而使草坪冬季保持绿色。

特高黑麦草柔嫩多汁，为多种家畜、家禽和草食性鱼类所喜食，采食率在95%以上。在营养生长期收割，干物质中的粗蛋白质含量在20%以上，而且富含多种矿物质和微量元素。家畜、家禽喂食后，日增重显著提高。据农业部提供的资料，特高黑麦草饲养畜禽，平均24千克鲜草可增重1千克活兔，20千克鲜草可增重1千克活鹅,18千克鲜草可生产1千克活鱼,28千克鲜草可增重1千克活羊;一亩特高黑麦草一个冬季可养鹅100只以上。

在冬闲田种植多花黑麦草还可培肥地力，使土壤有机质增加27.1%，速效氮、磷、钾的含量分别增加11%、25.5%和57.2%，土壤微生物总量增加38%，对后作水稻的分蘖、株高、穗长和千粒重都有显著促进作用，平均单产提高到10%。

播种期黑麦草春秋季均可播种。秋播收割利用次数较多，总产量高；春播可延长收割利用期，且草质鲜嫩，但总产较低。秋播的播种期在9月初至11月中下旬，春播在2月上旬。

播种操作播种前亩施猪栏肥1 000～1 500斤*。如无猪栏肥等有机肥，可亩施钙镁磷肥25～30千克作基肥。施肥后翻耕整地做畦。黑麦草种子较小，要求畦面平整无大土块。播种方式条播或散播均可，但为管理方便，以条播为好。亩用种量1.5千克左右。如播种期内少雨或土壤较干燥，可先用清水浸种2～4小时，以利出苗和提高成苗率。管理黑麦草苗期应及时中耕除草。分蘖盛期以后，已封行遮阴，可不再除草。每次收割以后，应补施少量氮肥，能够加速再生，提高产量，苗期要注意地老虎和蝼蛄危害，如有发现用“毒丝本”农药防治。

收割黑麦草收割草层高度为30厘米左右。收割迟早、次数及产量除与肥水管理条件有关外，播种期的影响较大。初秋播种的，年内可割1～2次，翌年立春至小满可割4次左右。10月播种的，如管理好，年内割1次，年后割2～3次。春播的，到6月初可割3次。农户可根据畜禽饲养情况，合理安排播种期。

1. 播种要求

（1）土壤条件。对土壤要求不高，在较瘠薄的微酸性土壤上能生长，但产量较低，最适宜在pH为6～7、排水较好的肥沃壤土或黏土上生长，且土壤有机质含量越高，产量越高。

---

* 斤为非法定计量单位。1斤=500克。

（2）整地。种子小而轻，整地时要精耕细作，要求畦面平整，无土块，四周开深排水沟，沟深30厘米、宽30厘米，畦间开浅沟，深15～20厘米，宽20厘米，做到田间无积水，土壤保持湿润，又不淹苗。套种的水稻田在播种前要求排水至土壤湿润，稻收割后，及时开好排水沟。

（3）播种。可春播或秋播，一般采用秋播，播期为8月上旬至11月底，最适播种期在9～10月，一般播种越早，产草量越高。播种方式一般采用撒播或条播，亩播种量1.5～2千克，种子可直接与钙镁磷肥拌种后播种。但遇天气干旱或土壤干燥，必须及时灌水，否则会影响出苗，播前最好在太阳下晒1小时后，用温水浸种12小时或1%石灰水浸种1～2小时后再拌种，这样可提早出苗和提高出苗率。单季稻田套种，可在收割前7～8天播种。

（4）中耕除草。杂草主要发生在苗期，且播种期越早，杂草长势越旺，因此要做好除草，而播种期在10月下旬后，苗期一般杂草较少。除草方法有播前土壤处理、芽前处理和苗期处理3种，播前土壤处理，即在播种前一天用草甘膦等喷洒，清除田间杂草；芽前处理，即在播种后、出苗前用草甘膦喷洒；黑麦草苗期杂草一般以阔叶草为主，苗期处理可用阔叶草除草剂在2～3片叶时及时喷洒,对少量单子叶杂草如今还没有有效的除草方法，可采用人工的方法去除杂草。水稻套种田可在播前择晴天，用二甲四氯稀释后喷洒于水稻基部以下田里，清除杂草。黑麦草分蘖盛期后生长旺盛，有较强的抑制杂草能力，不必除草。黑麦草根系发达，浅扎在土壤表层，有疏松土壤作用，一般不用中耕。

（5）施肥。对水肥条件敏感，尤其喜氮肥。土壤越肥，增产效果越明显。在播种时，要求亩施有机肥3 000千克左右作基肥，种子用20千克钙镁磷肥拌种，苗期和每次收割后，要追施氮肥，亩施5～10千克尿素。用沼液浇灌，增产效果更显著。

（6）灌水。对水分条件反应比较敏感，在分蘖、拔节、孕穗期适当浇水，遇干旱要及时灌水，保持土壤湿润，增产效果明显。

（7）收割。产量、收割次数与播种期、土壤肥力和收割时株高相关，以播种期的影响最大，8月下旬至9月上中旬播种，年内可收割1～2次，翌年起至6月上旬可收割3～6次，春季每间隔20～30天可收割一次。为促进黑麦草分蘖，提高产量，要求一茬及早收割，一般株高在40厘米时可收割，可促进其分蘖，收割时留茬5厘米，以利再生。

（8）利用。草质鲜嫩，营养丰富，适口性好，各种畜禽均喜采食，适宜青饲、调制干草、青贮和放牧。一般在营养期收割后适合青饲，孕穗期或抽穗期刈割后青贮，盛花期刈割后调制干草或青贮，株高在25～30厘米时宜放牧。

（9）种植特高黑麦草对地块的选择应遵循以下5个原则：①草畜配套原则。每头牛配套种植0.6～1亩。②良田好地种植原则。必须选择水肥条件好，能灌易排的田块。③就近、方便种植原则。离村庄要近，便于利用。④开墒条播规范化种植原则。⑤相对连片原则，即种草地块要相对集中连片。

2. 播种时间 特高黑麦草喜欢温暖湿润的气候，种子适宜的发芽温度为13～20℃，低于5℃或高于35℃时发芽困难。在2～11月都可种植，最佳种植时间是4月初至5月中旬和6月中旬至7月底。

3. 播种方法 特高黑麦草的播种方法有两种，即免耕播种和翻耕播种。这两种播种方法的产量比约为0.9∶1.1。播种方式有条播、撒播，但为了获得高产优质的牧草，以条播最为理想。其方法是：

（1）田地翻犁前施足底肥（厩肥）不少于2吨/亩，可适当再施复合肥（或尿素）10～15千克/亩。

（2）翻犁耙细平整后，按幅宽1.5米或2米拉线开墒。

（3）播种：墒面平整后，以行距25厘米，播幅5厘米，每亩0.8～1千克种子播种。

（4）播前每亩用50千克普钙和草种拌匀后拉线播种，以保证条播的质量和土壤肥力。

（5）播种前可浸泡种子5～8小时，表皮水分晾干后进行播种，播种后用钉耙轻耙让种子和土壤充分接触，利于种子发芽和幼苗生长，水利条件较差的地区最好采用播后覆土1～1.5厘米，这样有利于种子发芽和增强抗旱能力。

（6）灌溉：播种结束后进行灌溉，灌溉时水要慢灌浸墒，灌溉不能漫墒，以防种子被水冲走。

4. 田间管理 特高黑麦草的特点是喜湿又怕水浸渍，因此，田间管理应紧紧围绕浇水、施肥这两个环节。播种前要施足基肥，有条件的农户出苗后在三叶期或分蘖期追施5～10千克/亩尿素或复合肥以壮苗。每次割草后根据长势追施10～15千克/亩尿素或复合肥，并在割草后3～5天进行（以免灼伤草茬、草尖，引起腐烂），追肥后要及时进行灌溉。田间有积水则要及时排出以免发生烂根病。

5. 混播作物 宜与豆科绿肥作物混播。两者混播，高（直）矮（匍匐）型绿肥配合种植，可充分发挥种间的互补互利作用，进一步提高光能和土壤增产潜力，协调养分供应和提高抵御暴雨、低温冻害、杂草等不良因子侵袭的能力，增加出苗率，减少水土流失等多种作用，从而提高肥料、饲料的生物总量和质量。

6. 收割收藏 播种45～50天后即可割一次草，一次割草时无论其长势好坏均必须刈割，留茬不能低于3厘米，以利分蘖。以后视牧草长势情况，每隔20～30天割草一次。如果用于喂牛、羊等草食动物，应长至拔节期收割，以提高可利用干物质含量。由于特高黑麦草的水分含量较高，如发现畜禽有“拉稀”现象，应多喂粗纤维含量较高的干草（如稻草、蚕豆秆等），也可采取提前一天收割，摊开晾晒萎蔫后利用，即可避免。为不影响后作水稻生产，在插秧前15天收割以后翻犁放水沤田，每亩撒石灰

15～20 千克，以加速草根的分解腐烂（应做田间消毒）。

7. 高产方式　提高黑麦草的鲜草产量和种子产量应该把好播种、施肥、收割和留种四关。

（1）播种期。黑麦草喜温暖湿润的气候，种子发芽适期温度13℃以上，幼苗在 10℃以上就能较好的生长。因此，黑麦草的播种期较长，既可秋播，又能春播。秋播一般在 9 月中、下旬至 11 月上旬均可，主要看前茬作物。若专用饮料地可以早播，以便充分利用 9、10 月有利天气，努力提高黑麦草产量。

（2）播种量。在一定面积范围内，播种量少，个体发育较好。但合理密植，能够充分发挥黑麦草的个体群体生产潜力，才能提高单位面积产量。可亩播种量 1～1.5 千克最适宜。生产上，具体的播种量应根据播种期、土壤条件、种子质量、成苗率和栽种目的等而定。一般秋播留种田块、每亩要有 35 万～40 万的基本苗，需播 1 千克左右，作饲草用，并需要提高前期产量时，可多播一些，每亩 2.5～3 千克。

（3）播种方法。黑麦草种子细小，要求浅播，稻茬田土壤含水量高、土质黏重，秋季播种时往往连续阴雨，或者因秋收季节劳力紧张。为了使黑麦草出苗快而整齐，有条件的地方，可用钙镁磷肥 10 千克/亩，细土 20 千克/亩与种子一起拌和后播种。这样，可使种子不受风力的影响，避免因水稻生长繁茂，减少细小的黑麦草种子不易落地，确保播种均匀。稻板直播时，待播种后，每隔 2～4 米开一条排水沟，并将沟中的土敲碎，覆盖在畦面上，作盖籽用。

（4）增施肥料。黑麦草系本科作物，无固氮作用。因此，增施氮肥是充分发挥黑麦草生产潜力的关键措施，特别是作饮料用时，每次割青后都需要追施氮肥，一般尿素 5 千克/亩，从而延长饲用期限。随着氮肥施用量的增加，日产草量增加，草质也明显提高，质嫩，粗蛋白多，适口性好。某种程度上讲，黑麦草鲜草生产不怕肥料多，肥料越多，生长越繁茂，越能多次反复收割。要求每亩黑麦草田施 25～30 千克过磷酸钙作基肥。留种田一般不施氮肥为宜，若苗生长特别差，应适当补施一点氮肥。

（5）收割黑麦草再生能力强，可以反复收割，因此，当黑麦草作为饲料时，就应该适时收割。黑麦草收割次数的多少，主要受播种期、生育期间气温和施肥水平而影响。秋播的黑麦草生长良好，可以多次收割。另外，施肥水平高，黑麦草生长快，可以提前收割，同时增加收割次数；相反，肥力差，黑麦草生长也差，不能在短时间内达到一定的生物量，也就无法收割利用。适时收割，也就是当黑麦草长到 25 厘米以上时就收割，若植株太矮，鲜草产量不高，收割作业也困难。每次收割时留茬高度 5 厘米左右，以利黑麦草残茬的再生。黑麦草长至 35～40 厘米高时进行刈割，留高 2～3 厘米，到翌年 6 月底前轮流刈割 4～5 次，亩产可达5 000～10 000千克，每次刈割后应追施 10 千克速效氮肥兑水浇泼一次。黑麦草营养丰富，鲜草中含蛋白质 2.6%，亩产粗蛋白 175 千克，是畜禽的好饲料。

（6）病虫防治。常见害虫：亚洲飞蝗、宽须蚁蝗、小翅雏蝗、狭翅雏蝗、西伯利亚蝗、草原毛虫类、秆蝇类、黏虫、意大利蝗、蛴螬、蝼蛄类、金针虫类、小地老虎、黄地老虎、大地老虎、白边地老虎、大垫尖翅蝗、小麦皮蓟马、麦穗夜蛾、叶蝉类和青稞穗蝇。防治：出苗后主要有地老虎和蛴螬等危害牧草。可用敌百虫、百树得等相关药物在天黑前喷雾防治，地老虎可采用灌水方式进行防治。

四、燕麦草

（一）生物学特性

燕麦草属禾本目禾本科燕麦草属。多年生禾草，须根入土深，呈棕黄色。可生活5～7年，喜温暖湿润气候，能耐夏季炎热，也较耐寒。原产欧洲和地中海一带。现各国引种栽培。我国各地也有栽种。我国南方花期为6月，北方花期为7月。燕麦草用途广泛，既可作药材，也可作饲料，还具有观赏价值（图3-4）。

图3-4　燕麦草

（二）形态特征

1. 形态特征　多年生禾草，须根入土深，呈棕黄色。秆直立或基部曲膝，高1～1.5米，具有4～5节。叶鞘松弛，光滑无毛，短于或基部长于节间；叶舌膜质，长1～2毫米；叶片扁平，粗糙或下面较平滑，长14～25厘米，宽3～9毫米；圆锥花序疏松，灰绿色或略带紫色，有光泽，长20～25厘米，分枝轮生；小穗长7～8毫米，一颖长4～5毫米，二颖与小穗等长；外稃粗糙，具有7脉，一外稃基部的芒长为稃体的2倍，二外稃先端的芒长1～2毫米。种子千粒重2.3～3.5克，每千克种子34万粒。种子经贮存一年，发芽率大减，贮存4年后，其发芽力完全丧失。

2. 生长习性　燕麦草属多年生地面芽草本，可生活5～7年，但利用年限并不很长；仅3～4年。喜温暖湿润气候，能耐夏季炎热，也较耐寒。在西北高寒山区越冬困难；在内蒙古锡林郭勒栽培，越冬率为24%；在北京和吉林公主岭能正常越冬。耐旱抗碱力中等。对土壤要求不严，适生于富含腐殖质的沙质黏土或黏土及干涸的沼泽地，不适于沙土和含氮低的土壤。不耐阴，在南方温暖地区则终年常绿，冬季尚可缓慢生长，故有长青草之名。在南方花期为6月，北方花期为7月。

（三）产地分布

原产欧洲和地中海一带。现各国引种栽培。我国华北及西北许多农牧场也有引种栽培。20 世纪 50 年代引入湖南、湖北、四川、贵州和吉林等省以及青藏高原栽培，其中尤以青藏高原和吉林白城为佳。

（四）用法及价值

1. 饲用价值 燕麦草放牧利用时，由于其含糖量高，适口性好，植株高大，茎细，叶量较多，宜于刈割后调制干草。含粗蛋白质中等，无氮浸出物丰富，粗纤维含量中等，同其他植物纤维来源相比，燕麦干草的中性洗涤纤维的含量更低，并且比其他含更高中性洗涤纤维的干草更为适口。燕麦干草口味很甜，并富含高度的水溶性碳水化合物（水溶性碳水化合物含量≥15%，进口苜蓿一般在 9%），燕麦干草有近似黑麦草的含糖量，但更具有适口性和饲料价值，拥有“甜干草”的美誉。刈割青饲用应在抽穗期，此时蛋白质含量高，产草量也较高；调制干草可到开花期收割，能增加收获量。栽培在肥沃的土壤上，管理条件好的每年可刈割 3～4 次，可收鲜草30～37.5 吨/公顷。在株高 20～25 厘米时开始放牧，一年后可放牧 4～5 次。种植后的二年产草量最高，四年生长势明显减弱，如管理不好则将完全消失。栽培要点：燕麦草在南方可春播（3 月），也可秋播（9 月），在北方则多为春播（4 月），用于短期草地（利用 2～3 年），为便于管理可用条播，行距 15～25 厘米，播量 30～45 千克/公顷。燕麦草可以和其他牧草混播，混插的草种应选择生长期与它相似，生长又不甚迅速的草种，如鸭茅、牛尾草、杂三叶草和红三叶草等混播，如果同生长迅速的意大利黑麦草混播，将被荫蔽而难生长。收种时，应在穗的颜色由绿转黄时即可，可收种 375～750 千克/公顷，种子易脱落，应及时收获。用新鲜种子播种，可提高保苗率。另外，燕麦干草的钾含量平均低于2%。这对于奶牛业主调配饲料的配份是相当重要。更低含量的钾同时能降低因食用包括燕麦干草在内的饲料而引起的产乳热的风险。

在奶牛饲喂过程中，燕麦草和豆科植物紫花苜蓿的正组合效应也是不错的，在奶牛日粮合理利用苜蓿草（豆科）与燕麦草（禾本科）这种正组合效应将会使粗饲料的利用效率得到最大提高。研究发现，苜蓿草与燕麦草在瘤胃中的降解恰好能够产生某些粗纤维分解菌生长所需要的异丁酸、戊酸以及小肽和氨基酸，通过刺激粗纤维分解菌的活性，从而增进奶牛对纤维性物质的消化率，并改善了瘤胃环境的生理参数（如枝链脂肪酸、瘤胃氨态氮等）。

奶牛日粮中添加燕麦草时瘤胃真菌的游动孢子数目增加，苜蓿草与燕麦草组合易发酵的细胞壁成分能促进纤维分解菌的集群，改善粗饲料的利用效率，并证明苜蓿草和燕麦草存在着正组合效应。所以，在奶牛日粮中添加燕麦草，既可满足奶牛营养需要，提高奶产品品质，又可显著提高奶牛对粗饲料的利用率，降低饲养成本。

2. 药用价值 燕麦草具有止汗、催产的功效，主治收敛止血，固表止汗。用于吐血、血崩、白带、便血、自汗、盗汗。

（五）种植方法

1. 整地 整地要点是深耕和施肥。深耕不仅能保蓄土壤水分，还有消灭杂草、促进根系发育、防倒伏的作用，一般深耕20厘米。燕麦施肥以基肥为主，每亩施堆厩肥2 000～2 500千克。

2. 播种 春燕麦可在4月上旬开始播种，冬燕麦在10月上旬至下旬播种。单播行距15～30厘米。混播行距30～50厘米。播后镇压1～2次。每亩播种量10～15千克，收籽粒的可酌减。

3. 田间管理 燕麦出苗后，根据杂草发生情况，在分蘖前后中耕除草1次。由于燕麦生长快，生育期短，所以要及时追肥和灌水。一次在分蘖期，以氮肥为主，亩施硫酸铵或硝酸铵7.5～10.0千克；一次在孕穗期，亩施硫酸铵或硝酸铵5.0千克左右，并搭配少量的磷、钾肥。追肥之后相应灌水1次。

4. 利用燕麦 可在拔节至开花时期2次刈割作青饲料。一次在株高50～60厘米时刈割，留茬5～6厘米，隔30～40天刈割二次，不留茬。燕麦青贮可在抽穗至蜡熟期收获，如需用带有成熟籽的燕麦全株青贮，可在完熟初期收获。燕麦籽粒在蜡熟期收获为宜。

五、草木樨

（一）生物学特性

草木樨俗名叫野苜蓿，为蔷薇目豆科草木樨属草本直立型一年生和二年生植物（图3-5）。有白花和黄花两品种，我国南方主要栽培黄花草木樨。草木樨的耐旱能力很强，当土壤含水率为9%时即可发芽，耐寒、耐瘠性也强，也有一定的耐盐能力，对土壤要求不严格。

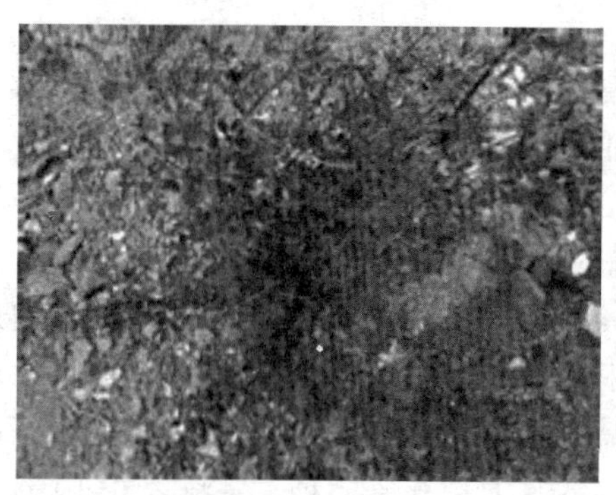

图3-5　草木樨

（二）形态特征

1. 形态特征 草木樨为二年生或一年生草本。主根深达2

米以下。茎直立，多分枝，高 50～120 厘米，最高可达 2 米以上；羽状三出复叶，小叶椭圆形或倒披针形，长 1～1.5 厘米，宽 3～6 毫米，先端钝，基部楔形，叶缘有疏齿，托叶条形；总状花序腋生或顶生，长而纤细，花小，长 3～4 毫米，花萼钟状，具 5 齿，花冠蝶形，黄色，旗瓣长于翼瓣。荚果卵形或近球形，长约 3.5 毫米，成熟时近黑色，具网纹，含种子 1 粒。

2. 生长习性 草木樨喜欢生长于温暖而湿润的沙地、山坡、草原、滩涂及农区的田埂、路旁和弃耕地上。一年生的草木樨，当年即可开花结实，完成其生命周期；但二年生的，当年仅能处于营养期，翌年才能开花结实，完成其生命周期。就二年生来说，其返青期在温带地区，一般为 4 月中旬至 5 月中旬，在亚热带地区，一般为 3 月底至 4 月初返青。返青时的日均温一般为 5～10℃。开花期，温带地区一般为 6 月初至 7 月初，亚热带地区一般为 5 月中旬至 7 月底。结实期，温带地区一般是 7 月中旬至 8 月底，生育期为 98～118 天，亚热带地区一般为 8 月初至 9 月中旬，生育期长达 183～230 天。草木樨为直根系草本植物，其颈部芽点不多，分枝能力有限，而大量的芽点分布于茎枝叶腋。所以，放牧或刈割，留茬不宜太低，如果要增加利用次数，只有适当增加留茬高度，一般留茬以 15 厘米左右为好，每年可刈割 2～3 次。草木樨主要靠种子繁殖。在野生条件下，其产种量较高，自然繁殖能力是比较强的，其细小的种子（或荚果），主要靠自播和风力传播，其 50%左右的硬实，主要通过将种子寄存于土壤中越冬，腐烂种皮后，翌年萌芽出土。如果进行人工播种，播种前必须采取措施擦破种皮，以提高其发芽率和出苗效果，或模拟其天然情况下克服硬实的方式，采取冬季播种，以使翌年春季出苗整齐一致。草木樨的生态幅度很广，从寒温带到南亚热带，从海滨贫瘠的沙滩到海拔3 700米的高寒草原，都有分布。它适应的降水范围为 300～1 700毫米。对土壤的要求不严，从沙土到黏性土，从碱性土到酸性土，都能很好地适应，所适应的 pH 为 4.5～9。在冬季绝对最低温 −40℃和夏季最高温 41℃的情况下，都能顺利地通过。因此，它的耐寒、耐旱、耐高温、耐酸碱和耐土壤贫瘠的性能都是很强的。从野生情况来看，它比白花草木樨、黄香草木樨、细齿草木樨和印度草木樨的适应性都强。

（三）产地分布

草木樨分布较广。在温带、亚热带，除高寒草甸和荒漠区外，均有分布。在我国主要分布于内蒙古、黑龙江、吉林、辽宁、河北、河南、山东、山西、陕西、甘肃、青海、西藏、江苏、安徽、江西、浙江、四川和云南等省份。在西藏海拔3 700米的地区，或海滩海拔仅数米的地段，也有分布的记录。在国外，前苏联（中亚、西伯利亚、远东）、蒙古、朝鲜、日本及东南亚、欧洲、北美也有。

（四）用法及价值

1. 饲用价值 草木樨开花前，茎叶幼嫩柔软，马、牛、羊、兔均喜食。切碎打浆喂猪效果也很好。它既可青饲、青贮，又可晒制干草，制成草粉。只是开花后，植株渐变粗老，且含有0.5%～1.5%的“香豆素（$C_9H_6O_2$）”，带苦味，适口性降低。但经过加工，调制成干草或青贮，可使香豆素气味减少，各种家畜一经习惯还是喜食的。从草木樨所含的营养成分看，它含的粗蛋白质、粗脂肪、粗纤维和无氮浸出物等均比白花草木樨、黄香草木樨和印度草木樨的营养成分含量都高。尤其籽实的粗蛋白质含量竟高达 31.2%。可见，草木樨不仅是一种良好的饲草，而且也是一种良好的蛋白质饲料。从草木樨的营养成分看，无论在饲料中，还是干物质中，含的总能、消化能、代谢能和可消化蛋白，在豆科牧草中都是比较高的。由此可看出，草木樨的营养价值是相当高的。草木樨含有多种矿物质营养元素和微量元素，对于增加牲畜的营养和土壤肥力，都是非常重要的。草木樨还含有挥发油，它含的香豆素（0.5%～1.5%）比白花草木樨和黄香草木樨含量低，比细齿草木樨含量高。这说明，它的适口性优于前两种，而较后者差。草木樨在天然草地，一般以伴生种的地位出现于多类草本群落，一般株高为50～120厘米，在黑龙江发现有高达250厘米的。这说明，它在优越的水热条件下，如果人工予以栽培驯化，是能够生产出较高产量的鲜草和籽实的。尤其是它分布广，适应性强，营养价值较高，而含的香豆素又比较低，因此，它是一种很好的种质资源，将它驯化、培育成抗性强、饲用价值高的高蛋白质饲料作物，是完全可能的。草木樨除具有很高的饲用价值外，还是一种蜜源植物，流蜜期约20天，泌蜜温度25～30℃，在新疆则需要更高气温。其泌蜜量大，产量稳定，一般0.3公顷可放蜂一群，群产蜜20～40千克；人工种植并有灌溉条件的草木樨，一个花期可取蜜7次。草木樨的蜜、粉丰富，蜂群采完草木樨后，群势能增长30%～50%。作为水土保持植物也很好，尤其它的根系发达，根瘤多，且根、茎、叶等富含氮、磷、钾、钙和多种微量元素，作为草粮轮作、间种品种或压制绿肥以培肥土壤，是非常有前途的。在中草药中，草木樨为正宗“辟汗草”，其功能是：清热解毒，杀虫化湿，主治暑热胸闷、胃病、疟疾、痢疾、淋病、皮肤疮疡、口臭和头痛等多种病症。它的根叫“臭苜蓿根”。能清热解毒，主治淋巴结核。

2. 药用价值　草木樨主治清热解毒，消炎，干四肢浓水。用于脾脏病、绞肠痧、白喉、乳蛾等。芳香化浊，截疟。用于暑湿胸闷、口臭、头胀、头痛、疟疾、痢疾。

（五）种植方法

草木樨适应性强，对土壤要求不严，但它性喜阳光，最适于在湿润肥沃的沙壤地上生长。草木樨种子小，顶土力弱，整地要求精细，地面要平整，土块要细碎，才能保证出苗快、出苗齐。若适当施些有机肥，则可提高产量，如每亩施 20 千克的磷肥，效果会更好。春播宜在 3 月中旬到 4 月初进行，无论春播或夏播，都会受到荒草的危害，秋播时墒情好，杂草少，有利于出苗和实生苗的生长。冬季寄籽播种较好，即可省去硬实处理，不费劳力，翌年春季出土后，苗全苗齐，且与杂草的竞争力强，可保证当年的稳产高产。草木樨种子细小，应浅播，以 1.5～2 厘米为宜。播种方法可条播、穴播和撒播。条播行距：20～30 厘米为宜，穴播以株行距 26 厘米为宜好，条播每亩播种量为 0.75 千克，穴播为 0.5 千克，撒播为 1 千克。为了播种均匀，可用4～5 倍于种子的沙土与种子拌匀后播种。在苗高 13～17 厘米时，结合中耕除草和追肥进行匀苗。当70％左右的种荚由绿变为黄褐色，即可及时收获种子。

六、紫云英

（一）生物学特性

紫云英又名翘摇、红花草、草子，原产我国。根、全草和种子可入药，有祛风明目、健脾益气、解毒止痛之效。是中国主要蜜源植物之一（图 3-6）。

图 3-6　紫云英

（二）形态特征

1. 形态特征　二年生草本，多分枝，匍匐，高 10～30 厘米，被白色疏柔毛。奇数羽状复叶，具 7～13 片小叶，长 5～15 厘米；叶柄较叶轴短；托叶离生，卵形，长 3～6 毫米，先端尖，基部互相多少合生，具缘毛；小叶倒卵形或椭圆形，长 10～15 毫米，宽 4～10 毫米，先端钝圆或微凹，基部宽楔形，上面近无毛，下面散生白色柔毛，具短柄。总状花序生 5～10 花，呈伞形；总花梗腋生，较叶长；苞片三角状卵形，长约 0.5 毫米；花梗短；花萼钟状，长约 4 毫米，被白色柔毛，萼齿披针形，长约为萼筒的 1/2；花冠紫红色或橙黄色，旗瓣倒卵形，长 10～11 毫米，先端微凹，基部渐狭成瓣柄，翼瓣较旗瓣短，长约 8 毫米，瓣片长圆形，基部具短耳，瓣柄长约为瓣片的 1/2，龙骨瓣与旗瓣近等长，瓣片半圆形，瓣柄长约为瓣片的 1/3；子房无毛或疏被白色短柔毛，具短柄。荚果线状长圆形，稍弯曲，长12～20 毫米，宽约 4 毫米，具短喙，黑色，具隆起的网纹；种子肾形，栗褐色，长约 3 毫米。花期 2～6 月，果期 3～7 月。

2. 生长习性　生于海拔 400～3 000 米的山坡、溪边及潮湿处。

（三）产地分布

现分布于亚洲中、西部，多作为稻田绿肥来种植。我国早在明、清时代就已在长江中下游地区大面积种植。广泛分布于北纬 24°～35°地区。

（四）用法及价值

1. 应用价值　紫云英植株中氮（N）、磷（P）、钾（K）的含量因生育期、组织器官、土壤及施肥的不同而异。一般花蕾期和初花期养分含量高于盛花期和结荚期。随着生育期的变化，鲜草产量增加，氮、磷、钾养分总量也相应增加。紫云英各组织器官的养分平均含量（以干物质计）为 N 2.18%～5.50%，P_2O_5 0.56%～1.42%，K_2O 2.83%～4.30%，CaO 0.60%～1.86%，MgO 0.40%～0.93%。其中，以叶和花中的氮、磷含量较高，茎秆中钾的含量较高。紫云英含有较多的蛋白质、脂肪、胡萝卜素及维生素 C 等营养，且纤维素、半纤维素和木质素较低，是一种优良牧草。

2. 饲用价值 紫云英作饲料，多用以喂猪，为优等饲料。牛、羊、马、兔等喜食，鸡及鹅少量采食。紫云英茎、叶柔嫩多汁，叶量丰富，富含营养物质，是上等的优质牧草。可青饲，也可调制干草、干草粉或青贮料。不同时期收获影响干草的品质和化学成分的含量。据四川农业大学、四川省畜牧兽医研究所及湖南省的测定资料，紫云英不同收获期及不同状况的化学成分及营养价值，紫云英维生素含量较高，每 100 克鲜草中含胡萝卜素 6 250国际单位，维生素 C 1 386 毫克。可以看出，紫云英的营养价值是很高的。紫云英一般亩产鲜草1 500～2 500千克，高的达 3 500～4 000千克或更多。在我国南方利用稻田种紫云英已有悠久历史，具有丰富的经验，利用上部 2/3 作饲料喂猪，下部 1/3 作绿肥，既养猪又肥田。根据原华东农业科学研究所试验，用紫云英干草粉喂猪后，从猪粪中可以回收的成分：氮（N）为 75.6%，磷（P_2O_5）为 86.2%，钾（K_2O）为 77.8%。种紫云英可为土壤提供较多的有机质和氮素，在我国南方农田生态系统中维持农田氮循环有着重要的意义。

3. 农用价值 用作绿肥和饲料，并可入药。采用紫云英喂饲的方法一般有以下几种。

（1）鲜喂：以 0.5 千克精饲料配合 3～3.5 千克鲜紫云英为好。

（2）青贮喂：青贮的优点是贮存时间长，贮存量大，成本低，且养分的损失也较少，口感也佳。牛、羊、马等反刍动物虽然可以紫云英作饲料，但不宜吃得过多，以免引起腹胀病。

紫云英鲜草无论是水泥窖、土窖、聚乙烯袋以及罐、桶都可青贮，各地可因地制宜推广应用。聚乙烯袋因容易破损，一般贮存时间不宜超过3个月。紫云英鲜草收获后应先晒2～3天，使含水量降至70%左右，再切碎青贮，以免青贮期间因水分过多而造成养分损失。紫云英含蛋白质较高，但含碳水化合物较少，是属于较难青贮的青饲料。添加酒糟、米糠、禾本科牧草等含碳水化合物较多的饲料可有效解决干物质和粗蛋白损失问题。在青贮时间较长时，一般不要加盐为好。

4. 紫云英的毒性 紫云英分无毒和有毒两种。有毒紫云英，各种家畜均可中毒，马较多见。一般本地牲畜对其有辨别能力，但在过于饥饿时，可能采食。如大量采食可引起急性中毒；长期少量采食，能形成慢性中毒。有毒紫云英全草均有毒，经晒干后，毒性并不丧失。

（1）症状。急性中毒多突然发生，数天内死亡。慢性症发生缓慢，症状轻微，可能拖延数月或1年以上。中毒后，精神沉郁，食欲减退，步行不稳，后肢无力，有时伏卧地上，由于后肢麻痹而不能站立，终至死亡。有些病例在中毒后，由于肌肉失去控制，盲目奔跑，最后常由于麻痹而倒地不起。牛中毒多出现狂暴不安症状，妊娠母牛往往发生流产。羊慢性中毒症状不明显，特征是牙齿渐渐变黑并且松动。

（2）防治方法。清除牧地上的有毒紫云英，铲除时间最好是在种子尚未成熟的5～6月。必须每年进行2～3次，连年进行。马匹中毒后，可内服亚砷酸钾溶液（每天1次，每次20毫升）。

豆科草本植物紫云英的嫩叶。又称翘摇、米布袋、红花菜、红花草、荷花郎、螃蟹花。我国西南、中南、华东及陕西等地均有分布，并广泛栽培。春季采取，洗净鲜用。

（五）种植方法

紫云英种子萌发的适宜温度为15～25℃，发芽时需要吸收较多水分和大量的氧气。幼苗时期根系的生长比地上部快，越冬期间，根系和地上部生长较缓慢，开春后地上部生长加速，但根系的生长仍较平稳。到现蕾期后，地上部生长速度陡然加快，在约半个月的时间内干重可增加约1.3倍，因此到初花期地上部的干物质重量就大大超过根系。在盛花期，根系和地上部的干物质之比为1∶（4～6）。紫云英的根瘤菌属紫云英根瘤菌族，它不是土壤常住微生物区系，在未种植过紫云英的地区一般需要接种根瘤菌。根瘤菌的活性在返青期很弱，返青后急剧上升，初花期达到高峰，以后迅速下降。

紫云英苗期株高增长缓慢，开春后随温度上升生长速度逐渐加快，在现蕾期以后迅速增加，始花到盛花期的生长速度最快，从现蕾到盛花期的株高增加的长度占终花期的2/3。紫云英的开花期一般为30～40天，主茎和基部一对大分枝的花先开，以后按分枝出现的先后，依序开放。主茎及分枝均是由下向上各花序依此逐个开放。紫云英的自然杂交率很高，一般60%以上。果荚从开花至变黑，一般需20～30天。紫云英性喜温暖的气候，一般有明显的越冬期。幼苗期低于8℃生长缓慢；开春以后，日平均气温达到6～8℃以上时，生长速度明显加快。开花结荚的最适温度为13～20℃。紫云英在湿润且排水良好的土壤中生长良好，怕旱又怕渍，生长最适宜的土壤含水量为20%～25%，土壤以质地偏轻的壤土为主。

播种时，首先应选择适宜的品种及排灌条件好的田块。种子在播种前一般需要进行一些处理，包括擦种、盐水选种、浸种、根瘤菌和磷肥拌种等。播种期由于气候及茬口的不同而有较大的变化。适当早播可提高鲜草及种子产量，但不能过早，秋播应在日平均气温下降至25℃以下时为宜，春播以日平均气温上升至

5℃以上为好。播种量一般为每亩2.5～5千克，产草量多随播种量的增加而提高，但过高则无效果，北方以4～5千克为宜，南方以2～3千克为好。水、肥条件较好的田地可撒播，旱地、低产田或播种量少时也可采用宽幅条播或密丛点播。

保持适宜的土壤水分，使水气协调，是保证紫云英全苗和丰产的重要环节。播种之前，稻底套播的，要先开好沟，并进行晒田。除围沟外，一般每隔10～15米开一条直沟，并于围沟相连。晒田以人立有脚印但不陷足为宜。翻耕播种的也应开沟做畦。翻耕播种或旱作田套播的，播种后要沟灌，让土壤吸足水分，以利发芽、扎根，没有灌水条件的，播后可把种子浅耙入土，并抢雨前或雨后播种。稻田套播的，需先灌入能保持两天的浅水层。播后2～3天，种子已萌动发芽，自此至幼苗扎根成苗期间，切忌田面积水，否则将导致浮根腐烂，但太干也会影响扎根。水稻收获前10天左右至开春前，要求土壤水分保持润而不湿，使水气协调，根系发育良好，幼苗生长健壮，增强抗逆性。

施用根瘤菌肥料是新扩种地区栽培紫云英成败的关键指标之一，也是经年种植区提高产量的一项有效措施，接种方法以拌种的效果较好，拌种时用米糊、泥浆等作黏着剂，使菌剂黏附在种子表面，可提高菌肥的增产效果。为使紫云英获得增产，一般应配合进行适当的施肥措施。首先应当基施磷肥。施用磷肥时，应注意磷肥品种的选择，以免伤害种子。磷肥用量以每亩施用过磷酸钙或钙镁磷肥20千克为佳，特别缺磷的土壤则可增加至30千克。钾肥能显著提高紫云英的鲜草产量，尤其是在南方稻底套播的地区。钾肥一般在割稻时或一真叶出现时施用，用量一般为每亩5～10千克硫酸钾。关于氮肥，在瘠薄土壤上幼苗期可少量施用氮肥，以促进根系生长和根瘤形成，在春后紫云英迅速生长时的2月中旬到3月上旬每亩施用3～5千克的尿素能显著提高紫云英的产量。此外，在有条件的地区，施用有机肥作基肥对紫云英的幼苗生长、根瘤发育和全苗都有很好的作用，在红壤性水稻土的效果更为显著。

1. 适时播种 紫云英喜凉爽气候，可在晚造水稻齐穗期即收获前25天左右播种，每亩播种量1.5千克，播种前稻田要露好田，防止积水，干旱田要灌一次跑马水。种子要经晒种、擦（碾）种、浸种处理。晒种，可促进种子内酶的活性，提高种子发芽率，一般晒半天即可；擦（碾）种，可擦（碾）去种子表面的蜡质层，使种子易于吸水，可用粗沙混种子，用手抓握使种子和沙互相摩擦，或用碾米机轻碾至种子表皮光滑为止；浸种，可加速种皮软化，促进种子萌发，使出苗快而齐，浸水12～24小时可捞起晾干后进行催芽，注意干旱田不要浸种，以防播种后缺水芽干枯。

2. 拌根瘤菌 种子催芽后露白时拌根瘤菌，用冷稀饭汤混菌种后拌种，0.5千克紫云英根瘤菌菌种可拌7.5千克紫云英种子，播种5亩。

3. 适时施肥 以施磷、钾肥为主，适当搭配氮肥。晚稻收割后亩施过磷酸钙10～15千克，粪水1 000千克，促进早结根瘤，幼苗早发。冬至前后，亩施钾肥3～4千克或草木灰50千克，提高幼苗抗寒能力。立春后，亩施尿素3～5千克，以加速春暖后枝叶猛发，提高鲜苗产量。

晚稻收割后，及时开好环田沟、厢沟和十字排水沟，前期田间保持湿润，防止积水（特别是后期）；主要病害有白粉病，可用0.05%退菌特（或多菌灵）喷防；虫害有蚜虫、蓟马，可用乐果防治。黏虫每亩用90%敌百虫100克加米醋150毫升和糖精5克对水75千克防治。留种田在盛花期注意防止蓟马为害，以提高结荚率。同时，要避免牲畜为害。

4. 适时压青 一般在盛花期离早造插秧前15～20天进行压青，压青时每亩施用石灰25～40千克，促进紫云英腐烂腐熟，同时可以中和酸性。

5. 田间管理　紫云英是重要的有机肥料资源，也是稻田主要的冬季绿肥作物，对于改良土壤、培肥地力，提高粮食产量有着重要的作用。其春季管理重点有：

（1）开沟排水。立春后及时清好沟，降低田间地下水位，促使紫云英根系良好生长。

（2）春季施肥。春暖后紫云英茎叶生长快，需肥量大，要及时追施肥料。春肥施用时期在 2 月底或 3 月初，亩施尿素 2.5～3 千克、氯化钾 3～4 千克、灰肥 100～200 千克。补施微肥。紫云英施用硼、钼等微量元素肥料有良好的效果，尤其是留种田效果更好。施用方法以叶面喷施的效果较好。喷施浓度：硼砂为 0.1%～0.15%溶液，钼酸铵为 0.05%溶液，喷施时期为 3 月中下旬。目前，以福建闽江学院紫云英最为有名。花期到时，100 亩紫云英同时绽放，美不胜收，是我国高校一大美景。

（3）防治病害。紫云英的病害主要是白粉病，在生长期（特别是留种田）如发现白粉病，可用多菌灵或托布津1 000倍喷雾，也可用 0.4 度石硫合剂喷雾；主要虫害有蚜虫、蓟马、潜叶蝇等，每亩可用吡虫淋 10～20 克，或 90%敌百虫 150 克，加水 30～50 千克喷雾，也可用 40%的乐果乳剂1 000～1 500倍液喷雾防治。

（4）免耕种植。紫云英能培肥地力，改善土地耕作性能，改良土壤环境。增产效果也较明显，比没有种植紫云英田块亩增 40～60 千克，还可以减少商品肥 30%以上。如果把免耕技术与紫云英生产相结合，就能有效地省人工，减少投入，降低成本，从而提高生产效益。绿肥是补充土壤养分、培肥土壤、增加作物产量的重要手段。退化现象日趋严重。大力推广绿肥高产优质种植技术，能够增加土壤养分，提高土壤有机质数量和质量，更新土壤腐殖质，增加养分的有效性，改良土壤，提高肥力，改善土壤理化性状，促进土壤微生物的活动，增强土壤酶活性，改善作物生长发育的条件。选育高产优质的紫云英品种，对种子进行丸衣化处理，把紫云英生长发育所需要的营养元素进行合理配方，通过黏着剂包裹在种子表面，经机械造粒形成以肥料为丸衣的加大型种子，加大种子体积和重量，解决稻肥共生播种困难、发芽出苗率低的问题。从而降低了播种量，亩节省种子用量 60%左右，科学配比丸衣养分原料，促进绿肥高产优质。

6. 技术要点 紫云英丸衣种子中丸衣原料占 2/3，纯种子占 1/3，丸衣种子成品颗粒直径 3～5 毫米，每千克丸衣种子约 11 万颗，每颗丸衣种子含紫云英纯种子 2～4 粒。

（1）种子处理。将当年收获的紫云英良种进行认真的晒种、选种、除蜡。

（2）造粒。将经过处理的种子放人造粒盘内，开动球底圆盘造粒机，边转动边利用高压喷雾器喷洒黏着剂。当种子表面湿润时，加入缓冲剂完全黏结成颗粒，见不到散粒时再加入肥料。加入肥料时，同样要边转动造粒机边喷洒黏着剂，直到丸衣种子完全形成。

（3）干燥。利用 80×800 型滚筒式烘干设备系统，烘干温度应控制在 60～70℃，时间以 15 分钟为宜。

（4）过筛。将极少部分散粒丸衣筛下重新造粒。

（5）包装。对成品丸衣种子进行包装封口。

（6）种植。紫云英种子丸衣化把高产栽培技术融为一体，是冬绿肥综合丰产技术的集约化，包括了选种（清除菌核）、晒种、种子云蜡（提高种子发芽率）、拌肥（磷肥、钼肥、硼肥）等，简化了操作。丸衣化种子亩播量 3 千克左右，减少播量 50%左右，增产鲜草 10%以上，减少成本，提高鲜草含氮量。

七、三叶草

（一）生物学特性

三叶草又名白车轴草，别名白三叶、荷兰翘摇，属蔷薇目豆科、车轴草属短期多年生草本，生长期达5年。种类遍及全世界，有300多种，我国栽培较多的为红三叶、白三叶和杂三叶。三叶草为优良牧草，含丰富的蛋白质和矿物质，抗寒耐热，在酸性和碱性土壤上均能适应，是本属植物中在我国很有推广前途的种。可作为绿肥、堤岸防护草种、草坪装饰以及蜜源和药材等用。偶然出现的特殊变异体有四片叶子寓意为“幸运草”（图3-7）。

图3-7　三叶草

（二）形态特征

短期多年生草本，生长期达5年，高10～30厘米。主根短，侧根和须根发达。茎匍匐蔓生，上部稍上升，节上生根，全株无毛。掌状三出复叶；托叶卵状披针形，膜质，基部抱茎成鞘状，离生部分锐尖；叶柄较长，长10～30厘米；小叶倒卵形至近圆形，长8～20（30）毫米，宽8～16（25）毫米，先端凹头至钝圆，基部楔形渐窄至小叶柄，中脉在下面隆起，侧脉约13对，与中脉呈50°角展开，两面均隆起，近叶边分叉并伸达锯齿齿尖；小叶柄长1.5毫米，微被柔毛。花序球形，顶生，直径15～40毫米；总花梗甚长，比叶柄长近1倍，具花20～50（80）朵，密集；无总苞；苞片披针形，膜质，锥尖；花长7～12毫米；花梗比花萼稍长或等长，开花立即下垂；萼钟形，具脉纹10条，萼齿5，披针形，稍不等长，短于萼筒，萼喉开张，无毛；花冠白色、乳黄色或淡红色，具香气。旗瓣椭圆形，比翼瓣和龙骨瓣长近1倍，龙骨瓣比翼瓣稍短；子房线状长圆形，花柱比子房略长，胚珠 3～4 粒。荚果长圆形；种子通常 3 粒。种子阔卵形。花果期 5～10 月。

三叶草生活力强，植株矮而匍匐，耐刈割，又具自播能力，所以覆盖效果好。由于有固氮能力，对肥料要求不多。但在久旱不雨时，要注意及时浇水抗旱。叶丛低矮，开花多，绿色期长，常用于缀花草坪，可于早熟禾、紫羊茅等混播。也可单播用作开花的植被，常用于斜坡绿化，具有保持水土的作用。白花三叶草植株低矮，高度仅 30～40 毫米，所以一般不需割草。但其又耐刈割，刈割后能很快地恢复覆盖的效果。

三叶草耐寒性强，气温降至 0℃时部分老叶枯黄，主根上小叶紧贴地面，停止生长，但仍保持绿色。因此，绿期很长。对土壤要求不严，可适应各种土壤类型，在偏酸性土壤上生长良好。喜温暖、向阳和排水良好的环境条件。干旱情况下生长缓慢，高温季节有部分枯死现象。耐修剪、耐践踏，再生能力强，修剪后 10 天内可长出更新小叶。高强度践踏或碾压后，3～5 天即可恢复。抗有害气体污染和抗病虫害能力强。开红色花一类，白天开花，花瓣为 5 瓣，晚上花朵收拢成一束；经对比发现，在春夏之交开放之后茎叶开始枯黄直至枯萎。我国常见于种植，并在湿润草地、河岸和路边呈半自生状态。

（三）产地分布

培育牧草品种最多的国家有澳大利亚、新西兰、英国、丹麦和荷兰。其他国家，如瑞典、德国、美国、法国、意大利、加拿大和波兰的育种家们也培育出许多著名品种。

在我国主要分布在温带至热带地区，南到云南的勐腊县，北到黑龙江的尚志县均有野生种和栽培种的分布。我国的野生种和引进大面积推广种植的种或品种有 10 余个，引入试种过的种或栽培品种有 200 余个，仅云南省就引入栽培过 14 个种 162 个品种。

（四）用法及价值

1. 饲用价值 三叶草为优良牧草，含丰富的蛋白质和矿物质，抗寒耐热，在酸性和碱性土壤中均能适应，是本属植物中在我国很有推广前途的种。可作为绿肥、堤岸防护草种、草坪装饰以及蜜源和药材等用。国外学者常把本种从地理上、形态上的差异分成一些亚种、变种以及农业上育成的栽培品种。

三叶草分布广，适应性强。既是家畜优良饲料，又是农作物的良好前茬，还是果园地表覆盖的优良低矮作物，同时也是水土保持、蜜源、药用、绿肥和草坪地被植物和优良的养地作物。三叶草自20世纪70年代引入昆明地区试种成功以来，已大面积推广应用，产生了很好的经济、社会和生态效益。适宜人工大面积种植。

2. 果园种植三叶草的作用

（1）改良土壤，增加土壤有机质，有利培肥地力。三叶草生长量大，生物产量高，一般亩产3 000千克左右，夏季自然枯死或刈割后翻入土壤中，对于提高新建果园的土壤肥力和增加老果园土壤有机质，通常起到显著作用。

（2）土壤覆盖，降低夏季土壤温度。果树根系在地温达到35℃时，其吸收能力明显下降，当三叶草生长良好时，夏季可以降低地面温度 6～8℃，有利于果树根系的正常生长。

（3）抗旱保墒，稳定果园空气湿度。利于夏季果树生长，有效促进果实正常膨大，减产裂果和落果，实现果树的优质高产。

（4）防止冲刷，保持良好的土壤结构。由于三叶草良好的覆盖作用，可以有效避免雨水对土壤的冲刷和沉积作用，保持土壤结构良好，有利于土壤微生物的活动和果树根系的新陈代谢，有利于各种肥料的分解和有害物质的降解。

（五）种植方法

1. 种植方法 三叶草种子细小，播种前要细致整地。首先，要进行深耕，清除树桩、建筑垃圾和草根等杂物。庭院的草坪建植常常是在建筑完工后进行的。因此，场地有水泥、沙石、灰浆、砖头、瓦块和装饰材料的废弃物等，这些杂物必须清除，并用园土回填。其次，要进行土壤处理，消灭杂草。经过深耕清理后，草根和营养繁殖体大部分已除去，但是杂草种子和部分营养体还在土内，条件适宜时，杂草种子又会萌发，对草坪形成危害。因此，对坪床要进行土壤处理。若工期不紧，可浇水后等杂草长出进行灭生防除。若工期较紧，可采用土壤熏蒸法结合土壤消毒进行杂草种子处理。三叶草苗期生长缓慢，易受杂草危害，土壤处理非常重要。再次，要进行浅耕，结合浅耕施入有机肥或复合肥。最后，要进行耙磨，精细整地，使坪床平整光滑，为播种创造条件。

2. 繁殖管理

（1）种子处理。播种前要进行种子发芽试验，掌握种子的发芽率和发芽势。三叶草种子的发芽率为75%～85%，其发芽势很强，播种后2～3天即可全部发芽，4～5天可全部出苗。播种前可用三叶草根瘤菌拌种，接种根瘤菌后，三叶草长势旺盛，固氮作用增强。拌种的方法是取三叶草根瘤捣碎，加水稀释拌种，以湿透种子为准。也可用市售的三叶草根瘤菌剂拌种。

（2）播种。三叶草可春播或秋播，春季在3月下旬，秋季在9月中旬。南方以秋播为主，北方以春播为主。夏季也可播种，但播后必须保证表土湿润或用覆盖物覆盖遮阳。三叶草建坪的播种量以8～10克/米^{2}为宜。每克三叶草有1 400～2 000粒种子，理论上说，每平方厘米土壤内有1粒种子，即可满足成坪的需要。实际播种量比理论播种量要大。播种时，按地块面积和确定的播种量等分种子，将种子与干土或细河沙混匀，人工进行撒播。若是大面积建植草坪，可用旋风式播种机撒播。三叶草的播种深度为1～1.5厘米，种子撒入坪床后，可用草坪耙将种子耙入土中，也可用沃土或基质覆盖1厘米。

（3）成坪前的管理。三叶草苗期生长缓慢，草坪建成以前的管理至关重要。种子播入坪床后，若预先安装有喷灌系统，可进行喷灌。没有喷灌系统的，可采用自制的喷头，人工喷洒浇灌。每天早晨或傍晚进行喷洒，始终使坪床表面保持湿润直至出苗。出苗后可减少喷水次数，但仍需精心管理。苗期管理 30～50 天，期间除注意浇水使坪床保持湿润外，还要随时清除杂草，主要是人工拔除，防止杂草危害。一般情况下播种后 4～5 天子叶出土。8～10 天一片真叶长出，为单叶。13～15 天二片真叶长出，为掌状三出复叶。20 天后长出三片真叶，苗高达 5 厘米左右。30～50 天可覆盖地面，形成草坪。对于夏季播种的坪床，要用稻草或麦秸覆盖，既可避免高温危害，又可使坪床保湿。待真叶长出覆盖地面时，趁天阴或傍晚时将覆盖物揭去。

（4）成坪后的管理。三叶草坪建成后，由于其侵占性强，不需要进行中耕除草。由于固氮根瘤菌能吸收空气中的氮素，转化为植物可利用的形态。因此，施肥以磷钾肥为主，不施或少施氮肥。在生长旺季和越冬时，要供给充足的水分，以保证旺盛生长和安全越冬。盛夏前可进行一次刈割，并浇足水，使植株保持绿色。越冬前再刈割一次，浇足冬水。这样，来年返青时，坪面上无枯黄的枝叶。三叶草抗污染、抗病虫害能力强，病虫害较少。当发现有叶蝉、象鼻虫和地老虎等害虫时，可用乐果等喷杀。

基质育苗、分栽建坪技术：三叶草除直播建坪外，还可采用基质育苗、分栽繁殖的方法建植草坪。这种方法适宜于在夏季建坪或杂草不易清除的情况。具体方法是，选择一块空闲场地，裸土地、砖地和混凝土地等都行。在场地上平铺一层 3～5 厘米厚的基质，基质可以是河沙、草炭土和蛭石等材料。将三叶草种子播撒在基质中，播深仍为 1～1.5 厘米，用人工喷洒的方式进行喷灌，保持基质湿润。管理 20～30 天后三叶草即可成苗。此时，将三叶草连同基质一同运往建坪地点，在准备好的坪床上，以 20 厘米×20 厘米的株行距分株栽植，栽后加强水肥管理，20 天左右即可覆盖地面形成草坪。

播种前进行化学除草：在此时期进行化学除草，可以有效降低草坪播种后的杂草发生量。一般在整地时务必将多年生宿根杂草捡出地块，然后进行轻浇水促杂草种子萌发。在杂草基本出齐时，使用草甘膦或百草枯杀灭。草甘膦和百草枯虽然是灭生性除草剂，但与土壤接触后约 8 个小时即钝化失效，不会对几天后播种的三叶草种子萌发有影响。

播后苗前进行化学除草：此期用药，土壤湿度最关键。在此时期进行化学除草，省工省时，成本低，效果好。三叶草种子播种，进行均匀覆土后浇水。之后使用播坪乐 100～150 毫升，兑水 50～60 千克，对地面进行均匀喷雾，喷施面积为 1 亩。借助地面湿润（干旱则很难形成药膜），药液喷到地面后很快形成厚度为 0.5～1 厘米的药膜。杂草种子萌发时，接触药膜而被杀死。

施药方式和传统喷药不同，要求为倒走式，需要倒退着打药，避免踩坏药膜。喷雾时需要注意喷雾器的喷雾效果。雾化效果越好则除草效果越好。使用扇形喷头效果好。反对使用多喷头。使用大机器喷雾，效果优于人工喷雾，但兑水量、用药量、喷施面积仍按照人工喷雾进行要求。

根据土粒大小，大致把土壤质地分为黏土、轻黏土、壤土、沙壤土、沙土五大类，黏土、轻黏土和壤土均可安全使用播坪乐进行土壤封闭除草。沙土漏水、漏肥、漏药，不能使用播坪乐。沙壤土情况稍好一些，但也不建议使用播坪乐。使用播坪乐后，基本不影响三叶草种子萌发，但可以防除绝大多数通过种子萌发的禾本科杂草、小粒种子的阔叶杂草，对大粒种子的阔叶杂草如苍耳、麻类种子的控制效果差，对莎草科杂草种子无效。使用播坪乐后，在黏土上的持效期为 60～90 天，在壤土上的持效期为 60 天左右。

幼苗期进行化学除草：土壤湿度很关键，干旱效果差。三叶草种子萌发后，随时可以使用除草剂防除一年生阔叶杂草和禾本科杂草。防除其中的禾本科杂草最安全。当马唐、牛筋草、狗尾草和稗草等一年生禾本科杂草发生后，使用大杀禾、高效盖草能、精奎禾灵、精稳杀得和威霸等除草剂进行防除。即便三叶草刚刚萌发，这类除草剂也很安全，正常用量下它们只对禾本科杂草有作用。使用时的使用量、兑水量和喷施面积参考使用说明书。可以适当增加使用量，依然对三叶草安全。

防除三叶草中的阔叶杂草，使用三叶乐最安全。三叶草萌芽前后均可使用，此时的适宜用量为 2 克，先行用小烧杯等容器溶解开，再加入喷雾器兑水 25～30 千克，均匀喷施 1 亩，对 3 叶左右的多种一年生阔叶杂草防效好。即便对三叶草幼苗出现灼伤，也不要紧，加强水肥管理，一周后即恢复正常生长。三叶草幼苗期使用三叶乐的最大用药量为 4 克。三叶草中的莎草科杂草如香附子、碎米莎草和水莎草等，此时不要防除，或使用以下特殊方法进行防除。成坪草坪进行化学除草。此期用药，土壤湿度大，效果好。禾本科杂草参照幼苗期。防除阔叶杂草辨草施药。杂草在 5 叶以下，每亩草坪使用三叶乐 2 袋即可；杂草在 5～7 叶，每亩草坪使用三乐叶 3 袋即可；杂草在 7～9 叶，每亩草坪可使用三叶乐 4 袋。再大杂草不建议使用三叶乐进行防除。每亩兑水量依然要求 25～30 千克。注意事项包括风天不要施药，不重喷不漏喷，雨前 8 小时莫用药等。此时防除莎草科杂草，可以使用三叶乐加强型，单用加强型防除莎草也可。但草坪草瘦弱时严禁使用。否则会造成三叶草瘦弱苗死亡。在雨季，杂草种子随水萌发，一茬又一茬层出不穷，如果见到杂草就用药，成本高，长期多次用药还会对土壤造成污染，也不符合可持续发展的要求。因此建议，在进行草坪草防除杂草的过程中，使用“一封一杀”的模式。即在使用三叶乐、大杀禾等除草剂杀灭现有杂草后，及时使用播坪乐进行土壤封闭，可控制 2 个月左右基本无杂草。使用方法为用 100～150 毫升播坪乐兑水少量后拌细沙 30～40 千克撒施 1 亩草坪，之后及时喷灌或浇水，使沙粒上携带药液及时落至地面形成药膜。为保证撒施均匀，可以使用手摇式草坪种子喷薄机，可以进行两次喷洒。

使用除草剂不慎造成药害的解决办法：若使用三叶乐，该剂对人畜安全，它对动物的毒性比食盐还低。对于三叶草，高度安全。若使用其他农田除草剂，触杀型除草剂没有办法解毒。但因触杀型除草剂不能烂根，将干草坪叶片进行修剪后，及时对草坪草进行施肥、浇水，可在 10～20 天之间慢慢长出新苗。对于非三叶草专用的内吸型除草剂，及时喷施 920、云大 120、速生根、尿素和磷酸二氢钾等均有一定的解毒效果，并及时加强水肥管理。

八、沙打旺

（一）生物学特性

沙打旺，豆科黄芪属多年生草本。又名直立黄芪、麻豆秧等。可用于改良荒山和固沙的优良牧草，也可用作绿肥（图 3-8）。野生种主要分布在前苏联西伯利亚和美洲北部以及我国东北、西北、华北和西南地区。20 世纪中期，我国开始栽培。

图 3-8　沙打旺

（二）形态特征

沙打旺是豆科黄芪属多年生草本植物。主根长而弯曲，侧根发达，细根较少。入土深度一般可达 1～2 米，深者可达 6 米。茎圆形，中空，一年生植株主茎明显，有数个到十几个分枝，间有二级分枝出现；二年生以上植株主茎不明显，一级分枝由基部分出，丛生，每丛数个到数十个二级或三级分枝。子叶出土，长椭圆形或卵圆形，1、2 片真叶为单叶，3、4 片真叶为单叶或复叶，从 5 片起为奇数羽状复叶，小叶数 3～25 枚。总状花序，花序长圆柱形或穗形，长 2～15 厘米，每序有小花数十朵。花蓝色、紫色或蓝紫色，萼筒状 5 裂；花翼瓣和龙骨瓣短于旗瓣。荚果长圆筒形或长椭圆形，具三棱。荚皮近膜质，被黑、褐、白或彼此混生的毛，有数粒到数十粒褐色肾形种子，种子千粒重 1.4～1.8 克。发芽要求土壤水分不低于 11%，最好在 15%～20%，土壤温度 10℃以上。雨季温度水分条件适宜，播后 2～3 天即可发芽，5～7 天出苗。

沙打旺幼苗期间生长缓慢，有“蹲苗”习性，但根系伸长却很快。蹲苗过后，地上部生长逐渐加快。二年生以上植株，春季返青后生长速度较快，经过 90～110 天的营养生长后转入生殖生长。沙打旺的营养生长时间较长，在无霜期较短的地区一般当年不能开花结籽。二年生以上的植株一般在 7～8 月现蕾，种子成熟的时间在 25～35 天。沙打旺一般可生长 4～5 年，干旱地区可达 10 年以上。

沙打旺抗逆性强，适应性广，具有抗旱、抗寒、抗风沙和耐瘠薄等特性，且较耐盐碱，但不耐涝。沙打旺的越冬芽至少可以忍耐零下 30℃的地表低温，连续 7 天日平均气温达 4.9℃时越冬芽即开始萌动。种子发芽的下限温度为 10℃左右。茎叶可抵御的最低温度为－10～－6℃。沙打旺的根系深，叶片小，全株被毛，具有明显的旱生结构，在年降水量 350 毫米以上的地区均能正常生长。在土层很薄的山地粗骨土上，在肥力最低的沙丘、滩地上等，沙打旺往往能很好地生长，而此时其他绿肥如草木樨、苜蓿等则常常生长不良。沙打旺对土壤要求不严，并具有很强的耐盐碱能力，在 pH 为 9.5～10.0、全盐量 0.3%～0.4%的盐碱地上，沙打旺可正常生长。沙打旺的硬籽率不高，播种前一般不需进行种子处理。播种量撒播一般每亩 0.5～0.75 千克/亩即可。沙打旺种子小，顶土力弱，播前最好适当整地，同时注意镇压保墒，以保全苗。

（三）产地分布

现主要在我国的东北、西北、华北地区等种植利用，可与粮食作物轮作或在林果行间及坡地上种植，是一种绿肥、饲草和水土保持兼用型草种。主要的优良品种有辽宁早熟沙打旺、大名沙打旺和山西沙打旺等。

（四）用法及价值

1. 饲料价值 沙打旺作饲料的营养价值较高，可直接作马、牛、羊、骆驼、猪、兔子等大小牲畜青饲料，适口性较差。也可制成青贮、干草和发酵饲料。直接喂饲可在天然草场和人工草场放牧，也可割草喂饲。

2. 肥用价值 沙打旺可直接压青作基肥，异地压青作追肥，或以其秸秆制作堆、沤肥。作基肥的压青时间一般为夏末秋初，在沙打旺长势明显衰退时，用拖拉机就地翻压后作基肥，深度为 20 厘米左右，压后适时耙耢保墒。追肥压青时期可在高温多湿季节。将其鲜草割下，切成 3～5 厘米长，以条埋或穴埋施于异地；旱作或可在行间作追肥。大田作物每公顷用量7 500～10 500 千克，果树每株施 25～50 千克；多余鲜草和秸秆可制作堆、沤肥。因沙打旺根系发达、入土深、再生力强，用其茬地改种其他作物之前，必须翻耕，切断根系。沙打旺培肥改土效果明显，在每公顷产鲜草30～37.5吨的情况下，两年间累计每公顷固氮量达450千克。其中，一年固氮量超过地上部茎叶吸收所带走氮量的6%，二年超过20%。在种过4年沙打旺的瘠薄褐色土田块上，其0～20厘米土层中有机质增加22.3%，全氮、全磷分别增加10%和40%左右，后作增产显著；苹果树冬前翻埋沙打旺作追肥，翌年不但鲜果产量高、含糖量增加，果园土壤肥力也提高。

3. 生态价值 沙打旺防风固沙能力强，在黄河故道等风沙危害严重的地区，种植沙打旺可减少风沙危害、保护果林、防止水土流失和改良土壤。

（五）种植方法

1. 播种 从早春到初冬均可播种，春天宜顶凌播种，冬前寄籽比顶凌播种出苗早。沙害严重地区宜在风沙过后播种。夏末秋初的最终播期以其出苗后有一个多月的生长时间为度。其播种量因播种方法而异，一般穴播每公顷为3.75千克，条播7.5千克，散播11.2千克，飞机播种2.25千克，播后覆土1～2厘米，在干旱风沙大的地区，常采用“垄上深播后耢土”法，即将种子播到湿土层，覆土8～10厘米。

2. 管理 适宜补充钙、磷、钼、硼等养分，在雨季前叶面喷施钼酸铵或硼砂，及时除草，防病虫害和排除积水。

3. 留种 沙打旺的花期较长，荚果成熟不一，成熟荚易自然开裂，应注意分期及时采荚收种。沙打旺没有固定的播种期，从早春到初秋均可，主要根据当地的条件和利用的方式来决定，但不能迟于初秋，否则难以越冬。北方地区还可以利用冬前寄籽播种，即在平均地温3℃左右，早晚地表微冻，日出后又融化的时候，将种子播于土中，二年春天适时镇压，可获得较好的出苗效果。在播种时以磷肥作基肥，亩施过磷酸钙10～30千克，可显著提高鲜草产量。有条件的地区应注意及时灌水，也可大幅度提高产量。

九、聚合草

（一）生物学特性

聚合草，管状花目紫草科聚合草属，别名爱国草、肥羊草、友益草、友谊草、紫根草、康复力、外来聚合草、西门肺草、紫草根。丛生型多年生草本，高30～90厘米，全株被向下稍弧曲的硬毛和短伏毛（图3-9）。生于山林地带，为典型的中生植物。原产前苏联欧洲部分和高加索，我国于1963年引种栽培。有较高的营养价值，可作药用，也有一定的观赏价值。

图3-9 聚合草

（二）形态特征

1. 植物形态 丛生型多年生草本，高30～90厘米，全株被向下稍弧曲的硬毛和短伏毛。根发达、主根粗壮，淡紫褐色。茎数条，直立或斜升，有分枝。基生叶通常50～80片，最多可达200片，具长柄，叶片带状披针形、卵状披针形至卵形，长30～60厘米，宽10～20厘米，稍肉质，先端渐尖；茎中部和上部叶较小，无柄，基部下延。花序含多数花；花萼裂至近基部，裂片披针形，先端渐尖；花冠长14～15毫米，淡紫色、紫红色至黄白色，裂片三角形，先端外卷，喉部附属物披针形，长约4毫米，不伸出花冠檐；花药长约3.5毫米，顶端有稍突出的药隔，花丝长约3毫米，下部与花药近等宽；子房通常不育，偶尔个别花内成熟 1 个小坚果。

2. 生长环境　生于山林地带，为典型的中生植物。适生于湿润气候条件，对气候、土壤条件的适应范围较大。性耐寒，根在寒地－40℃的低温可安全越冬，南方高温地区仍能良好生长。22～28℃时生长最快，低于 7℃时生长缓慢，低于 5℃时停止生长。当温度在 20℃以上，土壤持水量为 70%～80%时生长最快，平均日增长可达 3 厘米。聚合草对土壤要求不严，除低洼和重盐碱地以外，一般土壤均能生长，但以土层深厚肥沃的壤土为最佳。小坚果歪卵形，长 3～4 毫米，黑色，平滑，有光泽。花期 5～10 月。

（三）产地分布

原产前苏联欧洲部分及高加索。在我国主要分布于江苏、福建、湖北和四川等。

（四）用法及价值

1. 园林用途　该种由于长期人工栽培，产生很多变异，我国现在栽培的为该种的 3 个园艺品种。聚合草花朵色彩丰富多变，从基部至花瓣由淡紫到淡黄、黄白色，盛开时繁花似锦，美丽异常。可作庭园植物、地被植物和盆栽等。

2. 饲用价值　聚合草是优质高产的畜禽饲料植物，一次种植可连续利用 20 多年。经与苜蓿、串叶松香草等 20 余种牧草栽植和饲喂比较，聚合草具有独特的三大经济特点，一是产草量高，再生能力强。春、夏、秋三季可随割随长，一个生长季北方可刈割3～4 次，南方可刈割 4～6 次。一般每茬亩鲜草产量 0.4 万～0.5 万千克，是我国各类牧草中高产的优质牧草品种。二是适口性好，消化率高。聚合草枝叶青嫩多汁，气味芳香，质地细软。青草经切碎或打浆后散发出清淡的黄瓜香味，猪、牛、羊、兔、鸡、鸭，鹅、鸵鸟、草食性鱼均喜食，并可显著促进畜禽的生长发育。

聚合草的生物碱含量虽然较高，主要集中在根部，茎叶含量较少，少量饲喂不影响家畜健康，相反还具有止泻的药用价值。但是当聚合草喂量超过日粮的25%以上时，对家畜有毒害作用。不同家畜对聚合草的毒性反应不同，猪和鸡相对忍耐能力强一些，特别是猪；而草食家畜相对差一些。所以聚合草饲喂时要适当地控制喂量，同时与其他青饲料混合饲喂效果好一些。

3. 营养价值 聚合草富含蛋白质和维生素，营养价值高，各种营养成分的含量及其消化率都高于一般牧草。经检验，聚合草开花期鲜草干物质中含粗蛋白质24.3%，粗脂肪5.9%，粗纤维10.1%。另外，它还含有大量的尿囊素和维生素 B_{12}，可预防和治疗畜禽肠炎，牲畜食后不拉稀。

4. 药用价值 聚合草含有尿囊素的成分，可以刺激新细胞生长，外用治疗创伤，可促进伤口愈合。药用根茎，还有活血凉血、清热解毒的功能。

（五）种植方法

1. 栽植准备

（1）选地栽培。选择地势平坦、土层深厚、有机质多、排水良好并有灌溉条件的地块最为适宜。聚合草为多年生植物，根部发达，再生力强，一般不宜与大田作物轮作。

（2）整地施肥。定植前要深翻，耕深应在25厘米以上，翻后及时耙平。应结合翻耕施足基肥，以半腐熟的猪、牛、羊粪为好，亩施肥量2 500～4 000千克。

2. 栽培方法 聚合草开花不结实或结实极少，在生产上常利用生长1年以上的聚合草根（母根）做种苗栽植。一般在春、秋两季栽植。苗床育苗的4～10月都可移栽，但以3～4月和9～10月移栽较好。定植时，以苗高15～20厘米、5～6片叶时为宜，最好选择阴雨天进行。挖根、切根和栽植最好连续作业，以提高成活率。栽植行距 50～60 厘米，株距 40～50 厘米。常用的栽植方法有切根法和分株法。

（1）切根法。聚合草的肉质根产生不定芽和不定根的能力很强，凡直径在 0～3 厘米以上的根均可切根栽植。大面积栽植的根段，根长 3～5 厘米，根粗不低于 0.5 厘米。根粗大于 1 厘米的根可直切成两瓣，更粗一些的可纵切成 3～4 瓣。一般根越粗，根段越长，发芽和生长也就越快。育苗时，将根段横放土中，覆土 2～3 厘米深。气温在 18℃以上时，30～40 天即可出苗。

（2）分株法。把生长健壮的植株连根挖起后，留茬 5～6 厘米，割去上部茎叶，由根颈纵向切开（须带皮），每个分株上带芽 1～2 个，切后可直接定植到大田，5～6 天即可长出新叶。此法栽植成活快，生长迅速，定植当年产量高，但繁殖系数低。每株可分 10～20 株。种根充足时可采用此法。

3. 繁殖方法　聚合草根营养丰富，再生能力强，切断根部能从顶端切口处形成层中产生新芽。凡直径在 0.3 厘米以上的主侧根、支根均可做根苗用。种根切段大小可根据种根数量确定，一般切段长度应在 2 厘米以上，如种根充足，根段可长些，即 2～5 厘米。根粗不小于 0.8 厘米，长 5 厘米以上的根，可垂直（即纵向）切成两瓣，直径 1.5 厘米以上的根可垂直切成四瓣或六瓣。

采收：聚合草的饲用部分是叶和茎枝，每年可割 4～5 次，栽植当年可割取 1～2 次。利用目的不同刈割时期也有差异，用作青饲料，聚合草现蕾至开花期产量高，营养丰富，为收获适期。用作青贮或调制干草，应在干物质含量较高的盛花期刈割。收获过晚，茎叶变黄，茎秆变老，产量和品质均下降。也影响聚合草的生长和下一次刈割的产量，并减少刈割次数。收割过早产量低，养分含量少，总干物质产量低，而且根部积累的营养物质少，影响其再生能力。割青还应按饲喂对象而定，牛、羊、猪宜割老，鸡、鸭、鹅、兔、鸵鸟宜割嫩。聚合草的收割留茬高度对生长发育和产量影响较大。

贴地割虽然产量高，但返青慢，后几茬产量低。留茬过高，损失浪费严重，一般留茬高 5～6 厘米。最后一次收割应在停止生长前 30 天完成，以便有足够的再生期，积累充足的养分，利于越冬芽形成良好，安全越冬。

十、毛叶苕子

（一）生物学特性

毛叶苕子，别名冬苕子、毛野豌豆、冬箭筈豌豆，豆科野豌豆属一年生或越年生草本植物。全株被长茸毛（图 3-10）。主根长 1 米多，侧根很多，根上着生褐色根瘤。茎匍匐，蔓生，细长柔软，一般 1.5～2 米，最长 3～4 米，草层高 40 厘米。偶数羽状复叶，互生，具小叶 10～16，长圆形或披针形。总状花序腋生，有小花 10～30 朵，无限花序，花蓝紫色。荚果矩形，淡黄色，含种子 2～8 粒，种子黑色或黑麻色，千粒重 25～30 克。

图 3-10　毛叶苕子

（二）形态特征

一年生或二年生草本，全株密被长柔毛。根系发达，主根深达0.5～1.2米。茎细长，攀缘，长可达2～3米，草丛高约40厘米，多分枝，一株可有20～30个分枝。双数羽状复叶，具小叶10～16，叶轴顶端有分枝的卷须；托叶戟形；小叶长圆或披针形，长10～30毫米，宽3～6毫米，先端钝，有细尖，基部圆形。总状花序胶生，总花梗长，具花10～30朵而排列于序领的一侧；花萼斜圆筒形，萼齿5，条状披针形，下面3齿较长；花形，蓝紫色。荚果长圆形，长约3厘米，内含种子2～8粒；种子球形，黑色。

（三）产地分布

毛叶苕子在我国江苏、安徽、河南、四川和甘肃等省栽培较多，在东北、华北也有栽培；毛叶苕子原产欧洲北部，在前苏联、德国和匈牙利等国栽培较广，是世界上栽培最早，在温带国家培最广的牧草。

（四）用法及价值

毛叶苕子茎叶柔软，各种家畜喜食。可青饲，放牧或刈制干草。据广东省农业科学院试验，用纯毛叶苕子草粉喂猪，每2.5千克可长肉0.5千克。适时收获的毛叶苕子每千克青干草粗蛋白质含量在20%以上。毛叶苕子用作青饲料或绿肥应在现蕾至初花期刈割。为了利用再生草应提早刈割，在草层高达40～50厘米时即应刈割利用，利用越迟再生力越弱，且茎下部叶枯萎脱落，使产量、质量均降低，一般一个生长季节可刈割2～3次，亩产鲜草1 750～2 750千克或更高。毛叶苕子也是优良的绿肥作物，初花期鲜草含氮0.6%、磷0.1%、钾0.4%。

（五）种植方法

毛叶苕子春、秋播种均可。春播者在华北、西北以3月中旬至5月初为宜；秋播者在北京地区以9月上旬以前为好，陕西中部、山西南部也可秋播。千粒重 25～30 克。亩播种量 3～4 千克，以采种为目的播种量可减半。新疆当年收获的种子，出苗率只有 40%～60%，用温汤浸种可提高发芽率。单播时无论撒播、条播和点播均可。条播行距 30～40 厘米，点播穴距 25 厘米左右。采种用行距可增大至 45 厘米。播深 4～5 厘米。与禾草或麦类作物如黑麦草、燕麦、大麦等混播，可提高产草量。毛叶苕子苗期生长缓慢，要注意中耕除草。采种时，应在 50%以上荚果成熟时即行收获，每亩采种 30～60 千克。

第四章 青刈饲料

一、青刈玉米

（一）生物学特性

青刈玉米是青饲料中较好的饲料。玉米产量高，含丰富的碳水化合物，味甜，适口性好，质地柔软，营养丰富，鹿很喜欢吃。青刈玉米用作鹿饲料，一般是在抽雄穗到乳熟之前这段时间。根据鹿群需要可分期收割，切碎后饲喂。

玉米是我国一大粮食作物，在生物学范围里，玉米是一种C4植物，苞叶却用C3模式进行光合作用，属于雌雄同株。主产区位于世界三大玉米带之一——我国松辽平原玉米带。玉米总的种植面积约1 249.35平方公里，也称玉蜀黍、包谷（包谷棒）、苞米、棒子、棒槌子。粤语称为粟米，闽南语称作番麦，是一年生禾本科草本植物，是重要的粮食作物和重要的饲料来源，也是全世界总产量最高的粮食作物。我国种植玉米的时间较晚，明末清初（大致是1620—1690年）从美洲传入欧洲再传入我国（图4-1）。

图4-1　青刈玉米

（二）形态特征

早熟禾本科玉蜀黍族一年生谷类植物。植株高大，茎壮叶茂，挺直，高 3～5 米，直径 2～5 厘米。叶窄而长，边缘波状，于茎的两侧互生，叶片线形至线状披针形，长 40～60 厘米，宽 4～8 厘米，先端渐尖，基部圆或微呈耳形，表面暗绿色，背面淡绿色，两面带纤毛，中脉较宽，白色。雌雄同体，雄花花序穗状顶生，雌花花穗腋生，成熟后成谷穗，具粗大中轴，小穗成对纵列后发育成两排籽粒。谷穗外被多层变态叶包裹，称作包皮。鲜嫩秸秆微甜如甘蔗可食用。籽粒可食。二倍体玉米植株的体细胞中染色体数目为 10 对，所以玉米的列数一般为偶数列。

（三）产地分布

玉米原产地是墨西哥附近的中美洲，1492 年哥伦布在古巴发现玉米，以后直到整个南北美洲都有栽培。1494 年把玉米带回西班牙后，逐渐传至世界各地。到了明朝末年，玉米在我国的种植已达 10 余省，如吉林、河南、山东、浙江、福建、云南、广东、广西、贵州、四川、陕西、甘肃、河北、安徽和新疆等地。夏、秋季采收成熟果实，将种子脱粒后晒干用，也可鲜用。

玉米是世界上分布最广泛的粮食作物之一，种植面积仅次于小麦和水稻而居第三位。种植范围从北纬 58°（加拿大和俄罗斯）至南纬 40°（南美）。世界上整年每个月都有玉米成熟。

（四）用法及价值

青饲青贮玉米不但生物学产量高，而且其含有丰富的营养成分。技术分析表明：青饲青贮玉米的秸秆营养丰富，糖分、胡萝卜素、维生素 B_1 和维生素 B_2 含量高，是较为理想的食草动物饲料。近几十年来，欧美等农牧发达国家广泛种植青饲玉米，其青饲玉米种植面积占整个玉米种植面积的 30%～40%。而我国青饲青贮玉米则处于刚起步阶段，在 20 世纪 80 年代前我国没有青饲玉米品种，生产上大都用粮食品种生产青饲，因而产量低、质量差。但随着畜牧养殖业不断发展和一些高产优质青饲青贮品种的出现，青饲青贮玉米生产有了明显改观，它也将逐渐成为玉米种植业的一个主导方向。

大力发展青饲青贮玉米的推广种植，能有效调整农业种植结构，实现粮、饲、经三元结构的有机结合，对我国畜牧业生产，特别是“节粮型”及“秸秆型”畜牧业生产的发展起到了积极的促进作用，是玉米生产成为我国畜牧养殖业的坚实基础。

（五）种植方法

玉米是优良的饲料作物，其植株高大，生长迅速，茎中含糖量高，适于专门种植作为青贮原料和分期种植、分批刈割作为牛的青饲料，即青刈玉米。青刈玉米产量高，适口性好，在良好的栽培条件下，亩产鲜草可达5 000千克以上。按鲜草中含粗蛋白质1.8%计算，1亩青刈玉米所产的粗蛋白质为45千克，相当于亩产600千克玉米籽粒所含的粗蛋白质。

1. 选好品种　种植青刈玉米不同于种植作为籽粒用的玉米，它是收割青草。因此，要选择植株高大、茎叶茂盛、青料产量高和品质好的品种。目前，适宜作青贮或青刈的品种主要有掖单4号、鲁单40号、645及鲁玉米7号等。

2. 适当密植　青刈玉米主要是利用整个植株，因而，单位面积内植株的数量和单株重量就决定了它的总产量。所以，适当密植是栽培青刈玉米的关键。一般要求每亩4 000～4 500株，行距50～60厘米。也可采用大小行种植，即大行80厘米，小行50厘米。

3. 两季栽培　为了获得更高产量，可实行两季栽培。即春季（4月初）采用地膜覆盖，夏季套种（1季收获前6～8天）的方法。用此法1年两季可获9 000～10 000千克的鲜草产量。两季栽培的搭配品种：一是掖单4号搭配掖单4号；二是645搭配鲁单40号；三是645号搭配掖单4号。以上几种搭配，亩产均在10 000千克以上。两季栽培时，春播的中熟品种每亩6 500～

7 000株，中晚熟品种4 000～4 500株；夏播套种的分别为6 000～6 500株和3 500～4 500株。

4. 施肥　青刈玉米特别要注意施肥。在亩产4 000千克时，一般需用厩肥1 000千克左右，尿素10千克左右，另外，还要15～20千克的过磷酸钙和15～20千克硫酸钾。如能供给充足的肥料，则能显著提高青刈玉米的产量和品质。

5. 收获利用　青刈玉米的适宜收割期，是在植株授粉后30～35天，因此时收割，单位面积内的干物质产量和粗蛋白、粗脂肪、氮、磷、氨基酸等养分含量最高。收割的青刈玉米可铡短后直接饲喂牲畜或作为青贮饲料青贮。

二、草高粱

（一）生物学特性

图 4-2　草高粱

草高粱禾本科高粱属，一年生禾本科牧草，在江淮流域种植一年可刈割4次，北方地区一年可刈割2～3次，刈割后植株再生力强，生长速度快（图4-2）。生育期130天，株高280厘米左右，幼苗叶片紫色，叶鞘浅紫色，叶片17～19片，根系发达，分蘖性好，抗紫斑病，抗倒伏。茎秆含糖量高达200（糖度），茎叶鲜嫩，植株含粗蛋白15.29%，鲜草含粗蛋白3%，营养价值高。

（二）形态特征

1. 植物形态　草高粱是禾本科高粱属一年生高大草本植物。须根发达，入土深50～100厘米；茎秆高大粗壮，大高粱高2～3米，矮高粱高1.5～2米，基茎直径1.5～2厘米；叶片长披针形，互生、平展、宽而长，长40～60厘米，宽4～6厘米。顶生圆锥花序，由多数含1～5节分枝总状花序构成，分弯穗、散穗和直穗3种，大小长短因品种而异，穗长多在20～30厘米，中间粗大的穗轴分出许多分枝，其上着生小穗，小穗孪生成对，背腹压扁，其中一无柄小穗两性，能孕，一有柄小穗无雌蕊，不孕；能孕无柄小穗长5～6厘米，含花2枚，一花退化，结实花一颖成熟时下部硬革质有光泽，边缘内卷，二颖舟形，具脊；一外稃透明膜质，二外稃先端二裂，芒自裂齿间伸出，内稃甚小。种子圆形或倒卵形有白、黄、赤或暗红色，千粒重20～30克。

2. 植物特性

（1）适应性。草高粱是喜温热，不耐寒冷的短日照作物。适应性很强，在壤质、沙质和酸碱性土壤上均能生长，并具有较强的抗旱、耐涝、耐瘠薄和耐盐碱特性，在干旱少雨、夏季干热风严重或盐渍化地带以及易涝地、高干燥地或低洼地，不适于种植其他饲料作物时，均可种植。在洗过盐的土地上，可作为先锋作物首先种植，土壤含盐量低于0.34%，生长正常；介于0.34%～0.49%时生长受抑制；大于0.49%，出苗困难，甚至死亡。

（2）抗逆性。草高粱耐涝能力强，在抽穗期后水淹，对产量影响甚微，心叶水淹不超过两天，植株下部水淹不超过7天，产量不受影响。最适于在排水良好的疏松壤土或沙壤土上种植。耐高温干旱，耗水量很少，号称作物中的“骆驼”，茎、叶表面有粉白腊质，能减少水分蒸腾，在风干的土壤环境中能长出次生根，幼苗在缺水情况下，处于休眠状态，遇雨又很快恢复生长。

（3）耐寒性。草高粱不耐低温和霜冻，苗期当气温低于0℃时即受冻害，成熟时遇低温则种子不能完熟。种子发芽的最低温度为8～10℃，最适温度为30℃。在生育期中也要求较高的温度，但高于38℃或低于16℃时生长都会受到影响。从抽穗到种子成熟期间要求25℃的温度。自灌浆期温度逐渐下降有利于种子成熟。高粱抗灾能力强，生育前期遇冰雹袭击后可分蘖再生，中后期受雹灾后，虽叶碎如麻，仍可抽穗发育，遇暴风吹倒后，能自立挺起抽穗而熟。高粱的生育期因品种而异，草高粱一般于4月下旬至5月初播种，7月上、中旬达孕穗至抽穗，可开始刈割青饲利用。

（三）产地分布

1. 分布 草高粱原产于我国和埃塞俄比亚。本属植物全世界约有30种，在全球热带和亚热带地区广泛栽培。我国东北、华北和西北各地均有分布。

2. 品种 草高粱的品种很多，按穗形可分为直穗、弯穗和散穗三大类；按籽粒颜色又可分为白、黄、红3种；按植株高矮分，有大高粱和小高粱；按生育期长短可分为早、中、晚熟种；按用途分，有粮用、糖用和草用高粱。草高粱一般都用中、晚熟的大高粱，以甜高粱为宜。

（四）用法及价值

草高粱是北方地区的粮、草、料兼用作物。粮作中是高产作物，籽粒是家畜精饲料，草高粱是农忙季节必具的传统青刈饲草。草高粱产量高，每亩籽实产量一般250～500千克，每亩青草产量1 500～2 300千克。

1. 青刈草高粱 青刈草高粱嫩绿多汁，味甜香，适口性好，各类家畜均喜食，可青饲、青贮、半干青贮，也可晒制青干草，或加工草粉及其草产品。草高粱开花期全株鲜草每千克含总能量0.73兆卡*，消化能0.44兆卡，代谢能0.36兆卡，可消化粗蛋白质10克。

2. 高粱籽粒 高粱籽粒含有丰富的无氮浸出物，具有能量高的特点。籽粒除作家畜精料外，也是食用杂粮之一，并可制取淀粉，同时是酿酒和酒精业不能取代的原料。

3. 秸秆 草高粱秸秆和脱粒后的花穗是做笤帚、供编织的

---

* 卡为非法定计量单位。1卡≈4.186焦耳。

优质材料。

（五）种植方法

1. 栽培季　高粱的生育期因品种而异，草高粱一般于 4 月下旬至 5 月初播种，7 月上、中旬达孕穗至抽穗，可开始刈割青饲利用。

2. 栽培选地　土壤耕作与施肥高粱对土壤无选择，但若要高产，以肥沃疏松排水良好的壤土或沙壤土最好。播种高粱的土地，要在上年前作收获后进行夏耕或秋耕深翻 1～2 次，灭除田间杂草，反复耙耱，粉碎土块，整平地面。水浇地入冬时，灌足冬水，冬春季耙耱镇压，蓄水保墒，播种前浅耕，耙耱整地。旱作区秋季耙耱，精细整地，冬春季镇压蓄水保墒待播。高粱需肥量较多，粮用普通高粱每生产 50 千克籽实，需从土壤中吸收氮素 1.3 千克，有效磷 6.8 千克，有效钾 1.6 千克，以氮、磷需要量较多。结合深翻，每亩施腐熟厩肥2 000～3 000千克，播种时施种肥每亩硝酸铵 8～10 千克，或磷二铵每亩 5～8 千克。

3. 播种

（1）选种。为保全苗壮高产，播种用种子须选用成熟好、粒大、饱满，上年收获的纯净新鲜种子。种子田要播种国家或省级种子质量标准规定的Ⅰ级种子，草高粱播种Ⅰ～Ⅲ级种子均可。种子在经过严格的清选和品质检验后，晒种 1～2 天再播种。

（2）播种期。高粱是喜温作物，若地温低，湿度大，种子在土壤内存留时间过长不发芽时易引起霉变。种子田于土壤温度达到 10～12℃时播种为宜。庆阳地区于 4 月 20 日至 5 月初播种，河西地区于 4 月下旬至 5 月上旬开播。草高粱可在春季至夏季之间都能播种，具体时间视需要而定。

（3）播种量以利用目的、品种和播种方法而异。种子田条播每亩大高粱及多穗高粱 1.0～1.5 千克，行距 40～50 厘米，保苗4 000～5 000株，小高粱及甜高粱 1.5～2.0 千克，行距 30～40

厘米，保苗5 000～6 000株。草高粱单播每亩 3.0～4.0 千克，保苗15 000～20 000株；与草谷子、草玉米、箭筈豌豆和毛苕子等混播时，草高粱占单播量的 20%～60%，具体比例以参与混播草种多少而定。

（4）播种方法有条播、撒播和穴播。种子田宜条播或穴播；草高粱可条播或撒播，条播行距 15～20 厘米，甘肃一般多用撒播。混播时可条播、撒播混合采用，可条播高粱或玉米，撒播谷子或其他作物。播种深度一般 3～5 厘米，土干宜深，土湿宜浅，播后耱地镇压，土壤墒情较差时，要用镇压器镇压，使土壤与种子紧密接触，以利出苗。

4. 田间管理 高粱幼苗顶土能力差，出苗前如遇水土壤板结时，要及时耙耱或镇压，破除板结层。种子田苗期生长缓慢，易被杂草危害，要及时中耕除草。在苗高 10 厘米左右或 3～4 片真叶时，进行一、二次中耕和间苗，苗高 20～30 厘米时，进行三次中耕除草和定苗培土，定苗株距 20 厘米左右。定苗培土后的种子田要随时摘除分蘖，以提高种子产量。高粱耐旱性强，苗期在土壤不十分干燥时，不需灌水，以便蹲苗。水浇地在定苗后结合追肥灌水一次，可促进生长；拔节至抽穗开花阶段生长加快，需水量增加，可根据降雨情况灌水 1～3 次，使土壤含水量保持在 60%～70%即可。高粱耐涝性虽强，但若长期淹水或田间积水时，仍不利根系生长，应注意及时排除。为保高产，生长期内需进行追肥，每亩施硝酸铵等氮肥 8～10 千克，磷二铵等复合肥 5～8 千克。种子田可在拔节和孕穗期分两次追施，草高粱在拔节期一次追施。

5. 收获 利用种子田及籽实用高粱在完全成熟期收获，能得到最高产量和高质量种子。但成熟后要及时收获，久留不刈会引起大量落粒损失。脱粒后的籽粒要充分晒干入库。

用于种子的高粱要在田间选株单收、单运、单打、单贮，防止混杂，降低品质。

用于精饲料的籽实要粉碎成粒状或粉状饲喂。籽实也可整粒饲喂马、骡、驴，或粉碎调拌铡碎的小麦等秸秆饲喂牛、羊，也是配制配合饲料，浓缩饲料和混合饲料的原料。在补饲产后母畜，幼畜及弱畜时，常把高粱粉调制成稀粥饮服，有尽快恢复体力，增加体膘的功能。高粱种子皮层内含有少量单宁，新鲜籽粒含单宁较多，种皮颜色愈深含量愈多，且具涩味，妨碍消化，适口性较差，若存放月余，全使单宁减少，适口性提高。

用作青饲的草高粱适宜刈割期为孕穗后期至初花期,用于晒制青干草在抽穗期刈割,作青贮料时,在盛花期刈割。高粱在成熟前的籽粒及茎叶内均含有高粱配糖体及其结合的氢氰酸,越幼嫩含量越多,上部叶比下部叶含量多,分蘖株比主茎含量多,受旱或霜冻后含量增加。过于幼嫩的茎叶不能单独多量饲喂,采食过多会引起中毒,若在抽穗前青饲,须与其他青饲料混喂。晒制青干草,氢氰酸多数消失,制作青贮料,氢氰酸基本消失。早刈高粱,留茬 5 厘米,再生草还可供青刈或放牧利用,但须注意氢氰酸中毒,放牧畜在放牧前要先在其他草地放牧后,在高粱草地适度放牧。

种子田在生长后期，可将下部叶片逐渐摘下喂畜利用，摘叶适时适量，利于通风透光，对种子产量并无影响。一般做法是在腊熟期从茎秆下部向上部，按日需要量逐渐摘取，以上部存留 6 片叶为度。糖用高粱在乳熟期摘穗，可提高茎秆含糖量。为避免氢氰酸中毒和提高适口性，常与草谷子、草玉米混播，混播比例，高粱和玉米以各半为宜。近年又增加了箭筈豌豆、毛苕子等豆科青饲作物，效果更好。草田轮作中，草高粱常与浅耕作物和豆类作物轮作。

三、雀麦草

（一）生物学特性

雀麦俗称火燕麦，属禾本科雀麦属，是草原主要牧草之一，带入麦田之后，却成为难以根除的恶性杂草（图 4-3）。

图 4-3　雀麦草

（二）形态特征

1. 形态特征　一年生。秆直立，高 40～90 厘米。叶鞘闭合，被柔毛；叶舌先端近圆形，长 1～2.5 毫米；叶片长 12～30 厘米，宽 4～8 毫米，两面生柔毛。圆锥花序疏展，长 20～30 厘米，宽 5～10 厘米，具 2～8 分枝，向下弯垂；分枝细，长 5～10 厘米，上部着生 1～4 枚小穗；小穗黄绿色，密生 7～11 小花，长 12～20 毫米，宽约 5 毫米；颖近等长，脊粗糙，边缘膜质，一颖长 5～7 毫米，具 3～5 脉，二颖长 5～7.5 毫米，具 7～9 脉；外稃椭圆形，草质，边缘膜质，长 8～10 毫米，一侧宽约 2 毫米，具 9 脉，微粗糙，顶端钝三角形，芒自先端下部伸出，长 5～10 毫米，基部稍扁平，成熟后外弯；内稃长 7～8 毫米，宽约 1 毫米，两脊疏生细纤毛；小穗轴短棒状，长约 2 毫米；花药长 1 毫米。颖果长 7～8 毫米。花果期 5～7 月。

2. 特征特性

（1）出苗规律。雀麦不论纯种还是在麦田中，出苗时间都极不整齐。凡土壤墒情好，表层 0～5 厘米土壤湿润，种子与土壤接触紧密，多于10月上旬开始出苗，立冬后停止出苗。翌年清明过后又开始出苗，直到6月底。据观察，雀麦种子在田间出苗的多少和出苗时间与降水有很大的相关性，每次有大于15毫米的降水之后均会出苗。

（2）生育期与种子的传播。麦田内的雀麦和9月下旬纯种的雀麦，10月中旬开始出苗，翌年6月上旬成熟，生育期达250天，其成熟后籽粒全部散落在田间，形成本田新的侵染来源。4月出苗的一般7月上旬成熟，生育期100天，小麦收割时由于撞动作用，使部分籽粒撒落于麦田。5月出苗的雀麦，与冬小麦同期成熟，生育期90天左右。以后在麦田内出苗的雀麦不能正常成熟，随小麦一起被收割。4月下旬至6月上旬出苗的雀麦，随着小麦的收割，被带入麦场打碾脱粒，造成小麦种子、麦衣和麦草挟带雀麦草籽，是远距离传播的根源。

（3）分蘖数与繁殖力。撒落在麦田、田边、地埂、沟道、路边的雀麦果穗、籽粒，在冬前和翌年4月出苗，每株有分蘖3～7个，有效小穗数7～43个，形成具有发芽力的种子284～600粒。5月以后出苗的在小麦（含杂草）密度大的地段则不分蘖，每株有小穗数14～49个，有效籽粒92～300粒。如果每株小麦平均按45粒计，雀麦繁殖力则是小麦的2～8倍，成熟后的雀麦籽粒落到麦田，3年后就会成灾。

（三）产地分布

广布温带地区，我国近20种，多为优良饲料植物。一年生或多年生草本；叶鞘常关闭；叶狭，常扁平；小穗长椭圆形，有数至多数小花，两侧压扁，生于开展的圆锥花序的纤枝上；小穗轴脱、于颖之上；颖不等，锐尖，短于外稃；外稃有2齿，齿之下有芒；内稃较短；雄蕊3；花柱基部扩大而冠于子房之顶；果长而有槽纹，与内稃合生是草原主要牧草之一。

(四) 用法用量

雀麦草生长在江南水乡的河岸、沟渠和田埂边，味浓，有极强的上色能力，专用作江浙沪一带的清明节令食品——青子。它做出的青子特别清香，回味起来香中带甜。

清心败火是雀麦草的主要功效。江南一带有吃青团的风俗习惯。把雀麦草捣烂后挤压出汁，接着取用这种汁同晾干后的水磨纯糯米粉拌匀糅合，然后开始制作团子。

(五) 种植方法

1. 整地与施肥 精细整地是保苗和提高产量的重要措施。特别是在干旱少雨的地区，秋季深耕，蓄水保墒，减少杂草，为其根系提供良好的生长和发育条件，是以后获得高产的前提。秋翻再加施肥，对无芒雀麦的生长发育更有好处。一般在收获大秋作物后浅根灭茬，施上厩肥，再行深翻和耙耱即可。无芒雀麦根系发达，容易絮结成草皮，在轮作中如果清除不净，就会成为后作的不良杂草。

2. 播种 无芒雀麦的适宜播种期因地区而异。在东北、内蒙古、青藏高原地区宜夏播，而华北、黄土高原、云贵川地区则适宜秋播。可以条播或撒播，条播行距15～30厘米。用作收种时，可适当加宽行距。单播播种量以22.5～30千克/公顷为宜，种子田可减少到15千克/公顷左右。无芒雀麦可与苜蓿、红豆草、白三叶、红三叶及草木樨等豆科牧草混播。与苜蓿混播的效果好。无芒雀麦可充分利用苜蓿所固定的氮素来生长。混播可防止无芒雀麦单播时造成的草皮絮结和早期衰退的不良现象。混播的播种量以15～20千克/公顷的用种量为宜。播种不宜过深，以2～3厘米为好。在春季干旱多风地区覆土深度可适当增加。

3. 田间管理 无芒雀麦较易出苗，但苗期生长比较缓慢，应注意及时中耕除草。无芒雀麦对氮肥需求量大，单播时更大，播种前可施1 000～2 000千克/公顷厩肥作基肥，以后每年深秋或早春施厩肥，而于每次刈割后追施氮肥。其他肥料如磷肥、钾肥可根据土壤肥力状况适当施入。在有条件的地方，应及时灌溉，高寒地区最好冬灌 1 次。在杂草严重的地区须灭除杂草。建植后的无芒雀麦可形成整齐的草地，但 3～4 年后往往会形成厚密的草皮，土壤通透性差，使产量降低。可在早春用圆盘耙切破草皮，疏松土层，使草地能够更新复壮。

4. 综合防治

（1）严格种子检验检疫制度，清洁播种材料，种子经营单位在供种前要认真实施种子精选包衣，农户自备种子播前要进行筛选，这是防止雀麦随种子远距离传播和进入无雀麦地块的最佳措施。

（2）施腐熟有机肥料。用麦衣麦草、碾麦场土、畜圈粪堆（沤）肥时，一定要经过高温发酵，使其充分腐熟，杜绝生粪直接施入。

（3）合理轮作倒茬。对发生雀麦草的冬小麦地块实行与玉米、马铃薯、蚕豆和胡麻等作物轮作，经过中耕锄草，即可将雀麦草除掉。种植晚春作物如糜、谷等，可在播种前进行耕翻，将已出苗的雀麦草消灭，其防治效果可达 100%。

（4）宽行条播锄草。在小麦种子播种量不变的情况下，要求155 厘米种 8 沟小麦，播种机开沟宽行条播，有利于小麦春季深施化肥时，在头水前锄草防治雀麦。

（5）迟播灭草。旱地在播种前土壤墒情好的年份，10 月上旬本田内雀麦种子就开始发芽出苗，所以将小麦的播种期调整到10 月中旬，就可通过播种耕地而达到灭草作用。

（6）人工除草。人工除草有两个关键时期。一是早春小麦返青期根据雀麦的特征，结合麦田人工锄草铲除雀麦草。二是待小麦抽穗后大部分雀麦也开始抽穗，其特征明显，易于识别，宜连续拔除 2～3 次。需要注意的是，此期拔除的雀麦部分种子已经成熟，具有发芽力，所以拔除的植株不能乱扔在地边、地埂或沟道、路旁，要集中深埋或烧毁。

(7) 深耕灭草。作物收获后，用拖拉机深翻，将雀麦种子翻入土内18厘米以下。为有效抑制其出苗，深翻一次后30天内再进行浅耕。

(8) 耕作除草。旱地冬小麦实行机播，翌年早春采用相同机播。雀麦草在空行当中深施化肥，将冬前已在空行内出苗的雀麦耕除掉。

(9) 农药防治。一是伏耕灭茬期施药。小麦收获后的1次伏耕期，用40%野麦畏乳油3 000毫升/公顷，兑水675千克地面喷雾，让雀麦种子黏上药液，边喷雾边耕地，防治效果达90%以上。二是播种前施药。在小麦播种时，用40%野麦畏乳油3 000毫升/公顷，兑水450千克地面喷雾后播种，防治效果达85%左右。三是播种时施药。小麦播种后，先用40%野麦畏乳油2 700毫升/公顷，兑水450千克地面喷雾，然后再进行打糖，防治效果达80%左右。四是播种后施药。小麦播种后出苗前，用40%野麦畏乳油2 700毫升/公顷，加水675千克地面喷雾，然后耙耱，防治效果达60%左右。

四、燕麦

(一) 生物学特性

燕麦，别称皮燕麦，为禾本目禾本科燕麦属植物。也就是我国的莜麦，俗称油麦、玉麦、雀麦、野麦，是一种低糖、高营养、高能食品。燕麦耐寒，抗旱，对土壤的适应性很强。能自播繁衍（图4-4）。

图4-4 燕 麦

（二）形态特征

1. 形态特征　一年生草本；根系发达，秆直立光滑，叶鞘光滑或背有微毛，叶舌大，没有叶耳，叶片扁平；圆锥花序，穗轴直立或下垂，向四周开展，小穗柄弯曲下垂；颖宽大草质，外稃坚硬无毛，有或无芒；颖果腹面具有纵沟，被有稀疏茸毛；成熟时内外稃紧抱子粒，不容易分离，这与莜麦（裸燕麦）不同。具顶生圆锥花序。小穗含 2 至数花，大都长过 2 厘米，柄弯曲，脱、于颖之上及诸小花之间，亦有不断者，颖具 7～11 脉，长于下部小花，外稃质地多坚硬，具 5～9 脉，有芒或无，芒多自稃体中部伸出，芒柱扭转而曲；雄蕊 3 枚，子房有毛。

2. 生长环境

（1）温度。燕麦喜凉爽但不耐寒。温带的北部最适宜于燕麦的种植，种子在 2～4℃就能发芽，幼苗能忍受－4～2℃的低温下环境，在麦类作物中是最耐寒的一种。我国北部和西北部地区，冬季寒冷，只能在春季播种，较南地区可以秋播，但须在夏季高温来临之前成熟。

（2）水分。燕麦对水分的要求比大麦、小麦高。种子发芽时约需相当于自身重 65％的水分。燕麦的蒸腾系数比大麦和小麦高，消耗水分也比较多，生长期间如水分不足，常使子粒不充实而产量降低。

（3）土壤。在优良的栽培条件下，各种质地的土壤上均能获得好收成，但以富含腐殖质的湿润土壤最佳。燕麦对酸性土壤的适应能力比其他麦类作物强，但不适宜于盐碱土栽培。

燕麦一般分为带稃型和裸粒型两大类。世界各国栽培的燕麦以带稃型的为主，常称为皮燕麦。我国栽培的燕麦以裸粒型的为主，常称裸燕麦。裸燕麦的别名颇多，在我国华北地区称为莜麦；西北地区称为玉麦；西南地区称为燕麦，有时也称莜麦；东北地区称为铃铛麦。

（三）产地分布

燕麦是世界性栽培作物，分布在五大洲 42 个国家，但集中产区是北半球的温带地区。

燕麦在我国种植历史悠久，遍及各山区、高原和北部高寒冷凉地带。历年种植面积1 800万亩，其中裸燕麦1 600多万亩，占燕麦播种面积的 92%。主要种植在内蒙古、河北、河南、山西、甘肃、陕西、云南、四川、宁夏、贵州、青海等省、自治区，其中前 4 个省、自治区种植面积约占全国总面积的 90%。种植燕麦有 210 个县，但集中产区是内蒙古的阴山南北，河北阴山和燕山地区，山西太行山和吕梁山区，陕西、甘肃、宁夏、青海的六盘山、贺兰山和祁连山，云南、贵州、四川的大、小凉山高海拔地区。近些年来，全国播种面积下降到1 500万亩，但由于新品种的不断推广和栽培技术水平的提高，平均亩产从 50 千克提高到 75 千克。

（四）用法及价值

在我国人民日常食用的小麦、稻米、玉米等 9 种食粮中，以燕麦的经济价值最高，其主要表现在营养、医疗保健和饲用价值均高。

1. 营养价值 据中国医学科学院卫生研究所综合分析，我国裸燕麦含粗蛋白质达 15.6%，脂肪 8.5%，还有淀粉释放热量以及磷、铁、钙等元素，与其他 8 种粮食相比，均名列前茅。燕麦中水溶性膳食纤维分别是小麦和玉米的 4.7 倍和 7.7 倍。燕麦中的 B 族维生素、尼克酸、叶酸、泛酸都比较丰富，特别是维生素 E，每 100 克燕麦粉中高达 15 毫克。此外，燕麦粉中还含有谷类食粮中均缺少的皂苷（人参的主要成分）。蛋白质的氨基酸组成比较全面，人体必需的 8 种氨基酸含量均居首位，尤其是含赖氨酸高达 0.68 克。

燕麦粥富含镁和维生素 B_1，也含有磷、钾、铁、泛酸、铜和纤维，可以降低胆固醇，对脂肪肝、糖尿病、便秘等也有辅助疗效。未经烹制的燕麦麸富含镁、维生素 B_1、磷、钾，也含有铁、锌、叶酸、泛酸和铜。燕麦片可以改善血液循环，促进伤口愈合。

2. 医用价值　燕麦的医疗价值和保健作用，已被古今中外医学界所公认。降低血压、降低胆固醇、防治大肠癌、防治心脏疾病。据1981—1985 年中国农业科学院与北京市心脑血管研究中心、北京市海淀医院等 18 家医疗单位 5 轮动物试验和 3 轮 997 例临床观察研究证明，裸燕麦能预防和治疗由高血脂引发的心脑血管疾病。即服用裸燕麦片 3 个月（日服 100 克），可明显降低心血管和肝脏中的胆固醇、甘油三酯、β-脂蛋白，总有效率达 87.2%，其疗效与治疗冠心病无显著差异，且无副作用。对于因肝、肾病变，糖尿病，脂肪肝等引起的继发性高脂血症也有同样明显的疗效。长期食用燕麦片，有利于糖尿病和肥胖病的控制。

3. 饲用价值　燕麦叶、秸秆多汁柔嫩，适口性好。据《家畜饲养学》报道，裸燕麦秸秆中含粗蛋白 5.2%、粗脂肪 2.2%、无氮抽出物 44.6%，均比谷草、麦草、玉米秆高；难以消化的纤维 28.2%，比小麦、玉米、粟秸低 4.9%～16.4%，是最好的饲草之一。其籽实是饲养幼畜、老畜、病畜和重役畜以及鸡、猪等家畜家禽的优质饲料。

（五）种植方法

高 60～120 厘米，须根系，入土较深。幼苗有直立、半直立、匍匐 3 种类型；抗旱抗寒者多属匍匐型，抗倒伏耐水肥者多为直立型。叶有突出膜状齿形的叶舌，但无叶耳。圆锥花序，有紧穗型、侧散型与周散型 3 种。普通栽培燕麦多为周散型，东方燕麦多为侧散型。分枝上着生 10～75 个小穗；每一小穗有两片稃片，内生小花1～3朵，也偶有4朵者，裸燕麦则有2～7朵。自花传粉，异交率低。除裸燕麦外，子粒都紧包在内、外稃之间。千粒重20～40克，皮燕麦稃壳率25～40%。燕麦是长日照作物。喜凉爽湿润，忌高温干燥，生育期间需要积温较低，但不适于寒冷气候。种子在1～2℃开始发芽，幼苗能耐短时间的低温，绝对最高温度25℃以上时光合作用受阻。蒸腾系数597，在禾谷类作物中仅次于水稻，故干旱高温对燕麦的影响极为显著，这是限制其地理分布的重要原因。对土壤要求不严，能耐pH为5.5～6.5的酸性土壤。在灰化土中，锌的含量少于0.2微克/克时会严重减产，缺铜则淀粉含量降低。

播种期因地区而异。我国华北、西北、东北为春播区，生育期80～115天；西南为冬播区，生育期230～245天。燕麦需水较多，而我国主产区又属于旱作农区，因此，通过早秋耕、耙、耱、镇压等办法蓄水保墒极为重要。

宜选用苜蓿、草木樨、豌豆、蚕豆等豆科作物为前作。土壤瘠薄的地块，可连续采取轮歇压青休闲的轮作制。灌溉地要选用抗倒伏、耐水肥、抗病的良种。

种子处理与播种：燕麦喜湿喜肥但耐贫瘠，春播秋收，生长期较长，适生范围广。要精细整地，并施足基肥，保持墒情。要做好种子拌种处理。下种前要选择优质品种，用800倍的新高脂膜溶液浸泡种子，打捞后再药剂处理即可精量播种。

春播燕麦区为避免干热风危害，土温稳定在5℃时即可播种。旱地燕麦要注意调节播种期，使需水盛期与当地雨季相吻合。秋翻前宜施用半腐熟的有机肥料作基肥，播种时可用种肥。旱地播种密度每亩基本苗20万～22万，灌溉地每亩25万～35万。

分蘖初期或中期追肥、浇水，后期要控制徒长，积水易致倒伏。燕麦出苗后要保持足够墒情和肥力，并喷施新高脂膜保温保墒增肥效，增加有效分蘖率。要适时施足起身肥、灌浆肥，要消灭杂草，强壮植体，防止倒伏。在抽穗期要喷施一次壮穗灵，提高授粉能力和灌浆质量，增多穗粒数，增加千粒重。

燕麦的主要病害是坚黑穗病、散黑穗病和红叶病；局部地区有秆锈病、冠锈病和叶斑病等。多使用抗病良种及采取播前种子消毒、早播、轮作、排除积水等措施防治。主要害虫有黏虫、地老虎、麦二叉蚜和金针虫等，可通过深翻地、灭草和喷施药剂等防治。野燕麦是世界性的恶性杂草，可通过与中耕作物轮作，剔除种子中的野燕麦种子，或在燕麦地播种前先浅耕使野燕麦发芽，然后整地灭草，再行播种等方法防治，也可采用化学除莠剂。

五、黑豆

（一）生物学特性

黑豆为豆目豆科植物大豆的黑色种子。又名乌豆、黑豆，味甘性平（图 4-5）。黑豆具有高蛋白、低热量的特性。根据科学家的研究发现，黑豆皮提取物能够提高机体对铁元素的吸收，带皮食用黑豆能够改善贫血症状。

图 4-5 黑豆

（二）形态特征

1. 形状 黑豆，又名橹豆、料豆、零乌豆，民间多称黑小豆和马科豆，向有豆中之王的美称。椭圆形或类球形，稍扁，长 6～12 毫米，直径 5～9 毫米。表面黑色或灰黑色，光滑或有皱纹，具光泽，一侧有淡黄白色长椭圆形种脐。质坚硬。种皮薄而脆，子叶 2，肥厚，黄绿色或淡黄色。气微，味淡，嚼之有豆腥气味。黑豆防老抗衰，药食俱佳。因它色黑形小、能作猪马的精饲料之故，与黄豆同属大豆类。药用还有用黑豆加工的大豆卷、豆豉、黑豆衣等。

2. 生长形态 黑豆有矮性或蔓性，株高40～80厘米，根部含根瘤菌极多，叶互生，3出复叶，小叶卵形或椭圆形，花腋生，蝶形花冠，小花白色或紫色，种子的种皮黑色，子叶有黄色或绿色。

一年生草本，高50～80厘米。茎直立或上部蔓性，密生黄色长硬毛。3出复叶；叶柄长，密生黄色长硬毛；托叶小，披针形；小叶3片，卵形、广卵形或狭卵形，通常两侧的小叶为斜卵形，长6～13厘米，宽4～8.5厘米，先端钝或急尖，中脉常伸出成棘尖，基部圆形、阔楔形或近于截形，全缘，或呈微波状；两面均被黄色长硬毛。总状花序短阔，腋生，有2～10朵花；花白色或紫色；花萼绿色，钟状，先端5齿裂，被黄色长硬毛；花冠蝶形，旗瓣倒卵形，先端圆形，微凹，翼瓣篦形，有细爪，龙骨瓣略呈长方形，基部有爪；雄蕊10，2体；子房线状椭圆形，被黄色长硬毛，基部有不发达的腺体，花柱短，柱头头状。荚果长方披针形，长5～7厘米，宽约1厘米，先端有微凸尖，褐色，密被黄色长硬毛。种子卵圆形或近于球形，种皮黄色、绿色或黑色。花期8月，果期10月。

（三）产地分布

原产我国安徽、东北，现河南、河北、山东和江苏也有种植。

（四）用法及价值

1. 营养价值 黑豆中含丰富的蛋白质、不饱和脂肪酸、磷脂、钙、磷、铁、钾、钠、胡萝卜素、维生素B_1、维生素B_2、维生素B_{12}、烟酸、叶酸、棉子糖、水苏糖、胆碱、大豆黄酮、皂苷等。

2. 药用价值 牲畜食用黑豆后，体壮、有力、抗病能力强，所以，以前黑豆主要被用作牲畜饲料，其实这是黑豆的内在营养和保健功效所决定的。黑豆性平、味甘；归脾、肾经；具有消肿下气、润肺燥热、活血利水、祛风除痹、补血安神、明目健脾、补肾益阴、解毒的作用；用于水肿胀满、风毒脚气、黄疸浮肿、风痹痉挛、产后风疼、口噤、痈肿疮毒，可解药毒，制风热而止盗汗，乌发黑发以及延年益寿的功能。

（五）种植方法

1. 选地整地 黑豆忌涝喜干爽、应选择排水良好的旱地或水田种植。要求中等肥力的沙质土或黄泥土。整地细碎松软，起畦宽4～4.5尺*，畦沟宽0.8尺，深0.5尺，以利涝时能排，旱时能灌。

2. 适时播种 可采取纯种或玉米间种。宜于立夏至芒种播种。

3. 选种和拌菌 应选取色泽黑亮粒大饱满、无病虫害的籽粒作种。播种前挖取二年前种过黑豆的地块泥土3千克左右拌种，让土壤中的根瘤菌附着种子，然后播种。这样日后根瘤增多，使含氮量增加，利于高产。

4. 田间管理 除施足基肥外，苗高20厘米时追施壮苗肥，每亩人畜粪水8～10担，或尿素2～3千克，结合一次中耕除草。苗高33厘米时摘掉顶芽，以促进多分枝，为增加豆荚量打基础。花蕾初现时，施一次攻粒肥，每亩复合肥25～30千克，促进正常结实，提高产量。

5. 防治虫害 苗期有蛀秆虫为害，结荚期有豆荚螟危害，注意检查，及时用农药防治。

六、蚕豆

（一）生物学特性

蚕豆，豆目豆科野豌豆属，又称胡豆、佛豆、川豆、倭豆、

* 尺为非法定计量单位。1尺≈33.33厘米。

罗汉豆。一年生或二年生草本。为粮食、蔬菜和饲料、绿肥兼用作物（图 4-6）。

图 4-6　蚕　豆

（二）形态特征

越年或一年生草本，高 30～180 厘米。茎直立，不分枝，无毛。偶数羽状复叶；托叶大，半箭头状，边缘白色膜质，具疏锯齿，无毛，叶轴顶端具退化卷须；小叶 2～6 枚，叶片椭圆形或广椭圆形至长形，长 4～8 厘米，宽 2.5～4 厘米，先端圆形或钝，具细尖，基部楔形，全缘。总状花序腋生或单生，总花梗极短；萼钟状，膜质，长约 1.3 厘米，5 裂，裂片披针形，上面 2 裂片稍短；花冠蝶形，白色，具红紫色斑纹，旗瓣倒卵形，先端钝，向基部渐狭，翼瓣椭圆形，先端圆，基部作耳状三角形，一侧有爪，龙骨瓣三角状半圆形，有爪；雄蕊 10，二体；子房无柄，无毛，花枝先端背部有一丛白色髯毛。荚果长圆形，肥厚，长5～10 厘米，宽约 2 厘米。种子 2～4 颗，椭圆形，略扁平。花期 3～4 月，果期 6～8 月。

蚕豆的根系较发达，可入土层 60～100 厘米，根瘤形成较早。茎方形、中空、直立、茎的分枝力强，可从基部生长 4～5 个或 8～10 个以上的分枝。叶互生，为偶数羽状复叶，小叶椭圆形，在基部互生，先端者为对生。花腋生，总状花序。花冠紫白色或纯白色。每花序有2～6朵花，1～2朵花一般能结荚，其后的花结荚率低。荚为扁圆筒形内有种子坚硬呈绿褐色或淡绿色，扁圆形。千粒重900～2 500克。蚕豆具有较强的耐寒性，种子在5～6℃时即能开始发芽，但最适发芽温度为16℃。幼苗能忍耐－5℃左右的低温，－6℃时易冻死。生长的适温为20～25℃。蚕豆对光照要求不严格，对土壤水分要求较高，适宜于冷凉而较湿润的气候。对土壤的适应性较广，沙壤土、黏土、水田土和碱性土等均可栽培，对土壤营养的要求，在未形成根瘤的苗期，宜适量施用氮肥。对磷、钾需要量也较大。镁硼对蚕豆生育有良好的作用。土壤缺硼，则易妨碍根瘤菌的繁殖，使植株生育不良。

（三）产地分布

蚕豆一般认为起源于西南亚和北非。中国的蚕豆，相传为西汉张骞自西域引入。自热带至北纬63°地区均有种植。我国以四川最多，然后依次为云南、贵州、湖南、湖北、江苏、浙江、青海等省。

（四）用法及价值

1. 储藏技术　蚕豆晒干后，然后利用干沙或谷糠等拌和，再进行密闭低温储藏是较好的办法，这种方法使蚕豆相对处在干燥、低温、黑暗和隔离外部空气的条件下，有防止豆粒变色和抑制害虫发生的作用。主要有以下3种密闭方法。

（1）夹沙储藏。先将仓房消毒，仓底用洁净无虫的干稻壳和席子铺垫，取除去石粒的干沙和蚕豆，分别在阳光下曝晒，使温度达到50℃左右，蚕豆水分降到12%，稍凉后即可入仓。入仓时蚕豆每层装入20厘米深度后，即压盖沙子10厘米，最后用沙压顶密闭。使用这种方法储藏豆种，直到播种时无虫、无霉、无变色。

（2）拌糠壳储藏。当蚕豆水分晒到12%以下后，用干燥的谷糠或麦壳一筐豆两筐糠壳的比例，将蚕豆与糠壳混匀拌和，最后在顶上再加盖30厘米左右的糠壳密闭储藏。

（3）豆糠夹层储藏　仓底先平垫30～40厘米的干燥谷糠，倒上10厘米厚一层晒干的蚕豆，再盖上3～5厘米的谷糠，如此反复操作，最后再在蚕豆上压盖30厘米左右谷糠密闭储藏。

2. 储藏特性　蚕豆储藏的特性是，虫害严重豆粒易变色。虫害主要是豆象，包括蚕豆象和绿豆象，这种虫分布很广，被害率最高的可以达到90%以上。一颗豆粒中往往有数头害虫，蚕豆被吃成多个孔洞，被害的蚕豆发芽率降低，色泽品质变差，究其原因是防治不利的缘故。

蚕豆在保管期间豆粒会变色。一般认为是蚕豆皮内有酚物质和多元酚氧化酶缘故。正常的蚕豆一般为青绿色或乳白色，在保管过程中，皮色往往逐渐变为淡褐色、褐色、深褐色或黑色。高温高水分能使氧化酶的活性加强，促进了氧化反应，加剧了变色过程。据实际观察，蚕豆在高温季、变色多，低温季、变色少，通常经过一个夏季储藏，变色粒便会显著增加，有时变色粒高达40%～50%；水分在11%～12%的一般变色较少，水分在13%以下的变色粒较多；在同一处储藏，受日光照射的部位比没有受日光照射的部位，其变色粒要多15%以上，粮堆上层变色程度重于其他部位。

蚕豆含蛋白质、碳水化合物、粗纤维、磷脂、胆碱、维生素B_1、维生素B_2、烟酸、和钙、铁、磷、钾等多种矿物质，尤其是磷和钾含量较高。

（五）种植方法

1. 栽培概述　蚕豆在我国各地都有种植，是重要的粮、菜、肥兼用型作物。主要用于稻、麦田套种和中耕作物行间间种，摘青嫩荚果作蔬菜或收子食用，茎秆翻压作绿肥。蚕豆适合于较温暖而略湿润的气候，需水较多，但又不能受渍，耐寒性较差，也不耐高温和干旱。最适宜的生长温度为 20℃左右，适于多种土壤栽培，以耕层有机质含量高，排水良好的黏质壤土或比较肥沃的沙质壤土最好；在 pH 为 6～8 的土壤上生长良好，所以可广泛适应我国各地的红壤水稻土、紫色土以及滨海的盐碱地水稻田生长。播种可采用条播、点播等方法，一般行距 33 厘米左右，株距为 12～18 厘米。降雨量大的地区，最好采用深沟高畦。南方稻田种植冬蚕豆时，应在水稻收割后抢时播种，长江沿岸播种时间为寒露到霜降之间，华南双季稻地区在小雪前后。北方一般在春季解冻之后抓紧时间播种。播种量每亩在 8～10 千克。播种前也应施用磷肥和有机肥。

2. 栽培要点

（1）选好茬口与地块：蚕豆忌连作。连作使植株生育不育。根瘤菌数目少，活性低，结荚少，易发病，种蚕豆就实行至少 3 年以上的轮作。蚕豆适应稍黏重而湿润的土壤，但是栽培在土层深厚、肥沃的粘壤土或砂壤土上为好。

（2）适期播种。蚕豆耐寒，可于 2 月下旬至 3 月中旬播种。播种前深翻土壤并适当施基肥，做成 1 米宽的平畦。每畦种两行，在畦内挖穴，穴深 6～9 厘米，穴距 20 厘米左右，每穴点播种子 2～3 粒，耧平畦面。

（3）追肥浇水：播种后 1～2 天要充分供水，可促进早发芽、早齐苗。幼苗生长达 3～4 片真叶时，应适量追施速效氮肥，生长期间要分期追施磷肥、钾肥。开花结荚期喷施磷酸二氢钾或硼、钼、镁、铜等微量元素，可减少落花落荚，促进种子发育，提高产量。蚕豆生长初期以中耕为主，增加土壤的保水和通透性。从现蕾开花开始，应保持土壤湿润。开花结荚期缺水易落花落荚，豆粒不饱满。

（4）中耕与整枝：蚕豆出苗后应及进查苗补缺。苗期要进行多次中耕除草，结合松土将土培到植株根部，以防倒伏。蚕豆的分枝能力很强，后期的分枝结荚少，且易造成田间郁闭，生产上应及时掰除多余的侧枝和摘除生长点，减少养分消耗，提高结荚率，促进豆粒饱满，成熟一致。

（5）适时采收：采收蚕豆嫩荚，可分次采收，采收自下而上，每7～8天一次，采收老熟的种子，可在蚕豆叶片凋落，中下部豆荚充分成熟时收获，晒干脱粒贮藏。

七、甘蓝

（一）生物学特性

甘蓝属白花菜目十字花科芸薹属的一年生或两年生草本植物（图4-7）。甘蓝是类型甚多的蔬菜和饲料植物，均被认为是英国及欧洲大陆海岸的野生甘蓝移植而驯化的品系。

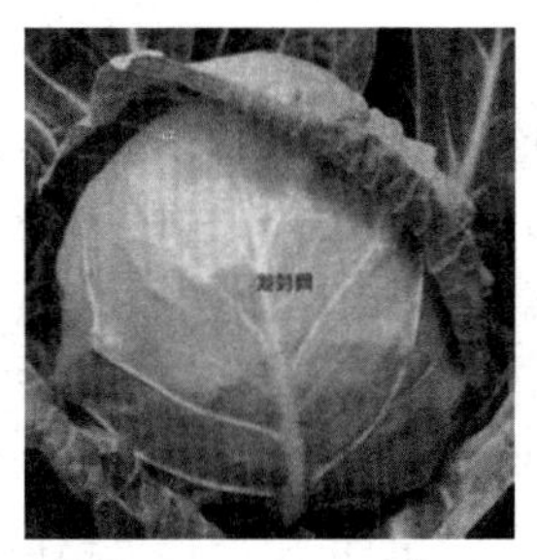

图4-7　甘　蓝

（二）形态特征

甘蓝，草本，基生叶旋叠，花两性，性甘，性平，无毒，属十字花科。二年生草本，高30～90厘米，全体具白粉。基生叶广大，肉质而厚，倒卵形或长圆形，长15～40厘米。如牡丹花瓣样，层层重叠，至中央密集成球形，内部的叶白色，包于外部的叶常呈淡绿色；茎生叶倒卵圆形，较小，无柄。花轴从包围的基生叶中抽出，总状花序，花淡黄色；萼片4，狭而直立，星袋形；花瓣4；4强雄蕊；雌蕊1。长角果呈圆锥形。花期5～6月。

（三）产地分布

除芥蓝原产我国外，甘蓝的各个变种都起源于地中海至北海沿岸。早在 4 000～4 500 年前，古罗马和古希腊人就有所栽培。

（四）用法及价值

甘蓝性平味甘，无毒，入胃、肾二经。是世界卫生组织曾推荐的最佳蔬菜之一，也被誉为天然“胃菜”。其所含的维生素 K_1 及维生素 U，不仅能抗胃部溃疡、保护并修复胃黏膜组织，还可以保持胃部细胞活跃旺盛，降低病变的几率。甘蓝有利于激素分泌，帮助乳房发育。各种甘蓝均是钾的良好来源。结球甘蓝含极丰富的维生素 A、钙和磷。

（五）种植方法

1. 选择品种　选择生育期短的早熟品种，单球重 1 千克左右，定植后到收获期 45 天左右，比较适合消费者的消费习惯，又不影响下茬越冬菜的播种期，如荷兰品种瑞士多等。

2. 适时播种　甘蓝幼苗对温度的要求不严格，但结球期对温度的要求十分严格，应在 17℃左右，有利于叶球的形成和生长。因此，夏播时间为 7 月下旬左右。

3. 培有壮苗　一是做苗床。苗床应选择通风良好、地势较高、排灌方便、未种过同科蔬菜、距定植田较近的无污染地块。苗床土的配方为 6 份田土、4 份腐熟的有机肥，每立方米营养土加入 1 千克三元复合肥、80 克多菌灵、100 克辛硫磷颗粒剂，拌匀做畦，畦宽 1.2 米，长度不限。

二是播种与分苗。7 月下旬，在准备好的苗床上灌足底水，将种子均匀撒上，覆细土 1 厘米左右，覆膜保湿，插拱，覆盖遮阳网，待小苗出土 70%以上时，及时撤掉地膜，以防烤伤幼苗。幼苗长至 2 叶 1 心时（播后 10 天左右），进行 1 次分苗，可在傍晚或阴天分苗以利于成活。分苗水要暗沟浇并浇透。

三是苗床管理。甘蓝幼苗抗逆性强，但必须做好防虫、防草工作，以免被虫、草吞噬苗。主要害虫有蚜虫、小菜蛾、菜青虫，可用万灵和1.8%阿维菌素交替使用。因苗期时间短，视虫害情况，一般用药2次即可。

4. 整地定植 选择前茬为非十字花科的豆类或瓜类地块为宜，每亩施腐熟有机肥3 000千克、氮磷钾三元复合肥30千克，翻地做畦，畦宽1.2米，栽2行，株距40厘米，每亩保苗2 500～3 000株。待小苗长至5～6片叶时定植，定植前喷1次药，即秧苗群集在苗床时用600倍百菌清加3 000倍万灵重喷1次，定植后管理得当，一般情况不必用药，整个生育期基本无病害发生。定植水要及时，以利缓苗，不可干晒苗。

5. 肥水管理 定植后进行中耕蹲苗，少肥水，以促进地下生长。缓苗后保持土壤见干见湿，以扩大叶片同化面积，每亩施尿素1千克；进入结球期，为满足生长所需，要给予充足的肥水，重施氮肥，适当增施磷肥、钾肥，每亩施磷酸二铵2千克，促进叶球在短时间内快速膨大。

6. 适当采收 9月下旬当叶球抱紧时，可及时采收。

八、甜菜根

（一）生物学特性

甜菜根属甜菜属藜科石竹目，又称为根甜菜、红菜头和紫菜头等，是一种二年生草本块根生植物，肉质根呈球形、卵形、扁圆形和纺锤形等。由生长在地中海沿岸的一种名叫海甜菜根的野生植物演变而来。甜菜根红焰如火，又被称为火焰菜（图4-8）。

图4-8 甜菜根

（二）形态特征

为深根性植物，直根系，其根系深度与广度各达300厘米。它一年长成莲座叶丛与肉质根，在下胚轴与主根上部膨大形成肉质根，内部具多层的形成层，每一形成层向内分生木质部，向外分生韧皮部，形成维管束环，环与环之间为薄壁细胞。肉质根有球形、扁圆形、卵圆形、纺锤形和圆锥形等，以扁圆形品质最好。茎短缩。中卵圆形，有光泽，具长叶柄，均为紫红色。在生长第2年5月间抽生花茎，高1.3米左右，花序为由疏松的小穗状花序组成的圆锥花序，在小穗状花序上轮生着3～5朵以上的两性花。花小，淡绿色，完全花，萼片4～5片，花瓣5片，黄色，雄蕊4～5个。异花授粉，授粉后苞片及花萼宿存，包裹着果实。种子圆形，千粒重13.26克。

（三）产地分布

主要生产国是乌克兰、俄罗斯、美国、法国、波兰、德国、土耳其、意大利、罗马尼亚和英国。饲料甜菜和叶用甜菜的栽培历史与大多数作物一样，始于史前时期。

甜菜广泛种植于温带和寒温带地区，温热地区则在凉爽季节种植。在适宜的气候下，菜用甜菜生长期为8～10周，某些饲料甜菜则长达30周。

（四）用法及价值

甜菜根作为食物有着悠久的历史，它所含矿物化合物和植物化合物是甜菜根特有的，这些化合物能抗感染，增加细胞含氧量，治疗血液病、肝病及免疫系统功能紊乱。在古代英国的传统医疗方法中，甜菜根是治疗血液疾病的重要药物，被誉为“生命之根”。

甜菜根含有丰富的钾、磷、钠、铁、镁、糖分和维生素A、

B族维生素、维生素C以及叶酸 B_8（Biotin），可以激发胰岛素分泌、强化葡萄糖分配，并能帮助克化甜菜碱，还可以加速胆汁分泌，帮助疏通肝血管梗塞。

（五）种植方法

1. 选地与整地 选地。应选择土质肥沃、地势相对平整、排水良好、四年以上未种过甜菜的玉米、烟草、万寿菊、马铃薯、蔬菜、瓜菜茬等。不选低洼易涝、坡度高容易干旱、根腐病及地下害虫严重的地块，不要重茬、迎茬种植甜菜，四年内用过普施特、绿黄隆、豆黄隆等对甜菜有药害的除草剂地块不能种植甜菜。

整地。浅翻深松，及时镇压，做到上实下暄，最好是伏秋整地，连续作业，及时镇压，防止跑墒。翻地深度25厘米，深松35厘米，打破犁底层，达到土层松软，没有夹干层和大土块。

2. 适时早播 适时早播，可延长甜菜生长期，是甜菜获得丰产的重要措施。试验证明，在适宜播种期内，播种每晚1天，块根减产20～50千克，因此一定要根据当地气象条件，适时早播，不误农时。早播可延长生长期，提高产量；抓住墒情保全苗；培育壮苗增强抗病抗虫能力；培育壮苗增强抵抗风、冻等自然灾害的能力。一般年份，黑龙江中西部适宜播种期为：直播4月15～25日，纸筒育苗点籽4月1～10日。

3. 合理密植 合理密植发挥群体优势是夺取高产的关键措施，合理密植后可提高甜菜对土壤养分及化肥的利用率，降低水分蒸发，充分利用光能，从而实现高产。通过试验，密度为3 000株时，亩产为3.778吨；密度为6 000株时，亩产为4.381吨，增产率为15.9%，亩增产甜菜603千克。试验结果说明，合理密植是高产的基础。东北地区甜菜的最佳密度为每亩5 600株；行距66厘米，株距18厘米。

4. 配方施肥 科学的施肥方法应该是农家肥和化肥混施，

氮、磷、钾合理配方施用，底肥、种肥结合施用。每亩施用农家肥2 000千克以上，配合施用甜菜专用肥 50 千克。自己配肥的合理方法是：尿素 12 千克，磷酸二铵 25 千克，硫酸钾 13 千克；如土壤缺硼，应补施硼肥，每亩叶面喷施硼砂 0.5～1.0 千克。

第五章

青绿牧草饲料毒性

青绿饲料作为一种富含多种维生素、矿物质且来源广的饲料，可被大多数动物食用。但由于它本身或其他原因，含有各种有毒物质，如亚硝酸、氰氢酸、氰化物、生物碱、草木樨等使不同动物食用不同量后会出现中毒现象，又因为各种青绿饲料含的毒性不一，收割、加工和存放等会对动物造成不良反应，甚至造成死亡！

所谓中毒是指牧草和饲料作物因其本身含有某种有毒物质，被家畜采食后出现中毒症状。在现代养殖业中，牧草和饲料作物中毒现象屡见不鲜，在畜牧业生产过程中，无论天然牧草还是人工栽培牧草都经常会出现中毒现象。

一、青绿饲料中的有毒物质及毒性

牧草和饲料作物中的有毒物质大致有以下几类，即硝酸盐、氢氰酸、有毒氨基酸、草酸盐等。

（一）亚硝酸盐及其对动物的毒害

饲用甜菜、萝卜、叶、芥菜叶、油菜叶等叶菜类青绿饲料均含有硝酸盐。硝酸盐本身无毒，但在细菌的作用下，硝酸盐可被还原为具有毒性的亚硝酸盐。如果堆放时间过长，发霉腐败，或者在锅里加热或煮焖在锅中、缸中过夜，都会使细菌将硝酸盐还原为亚硝酸盐。据研究，叶菜类青绿饲料在锅中焖 24～48 小时，亚硝酸盐含量达到 200～400 毫克/千克。

亚硝酸盐中毒发病很快，多在 1 小时内死亡，严重者可在半小时内死亡。发病症状表现为动物骚动不安、腹痛、口吐白沫、流涎、呼吸困难、心跳加快、全身震颤、行走摇晃、体温无变化或偏低、血液呈酱油色。因此，饲喂蔬菜、饲用甜菜、萝卜叶、芥菜叶、油菜叶等叶菜类青绿饲料时，应随割随喂，若需存放应将其摊开，保持通风，严防腐烂。

（二）氢氰酸和氰化物及其对动物的毒害

氰化物是剧毒物质，即使在饲料中含量很低也会造成中毒。青绿饲料中一般不含氢氰酸，但在苏丹草、高粱苗、玉米苗、马铃薯幼芽、木薯、亚麻叶、蓖麻籽饼、三叶草和南瓜蔓等青绿饲料中含有氰苷配糖体。含氰苷配糖体的饲料经过堆放发霉或霜冻枯萎，在植物体内特殊酶的作用下，氰苷配糖体被水解而生成氢氰酸。当这些含氰苷配糖体的饲料进入动物体后，在反刍动物瘤胃微生物的作用下，甚至无需特殊酶的作用，致使氰化物分解而形成氢氰酸。而玉米和高粱收割后的再生苗，经霜冻后危害更大。

氢氰酸中毒的症状为腹痛腹胀，呼吸困难而且加快，呼出气体有苦杏仁味，行走站立不稳，可视黏膜由红色变为白色或带紫色，肌肉痉挛，牙关紧闭，瞳孔放大，最后卧地不起，四肢划动，呼吸麻痹而死。据测定，苏丹草长到 50 厘米以上时，氰苷配糖体的含量会显著下降，喂家畜时应在株高 50 厘米左右时收割。使用高粱苗、玉米苗、马铃薯幼芽、木薯、亚麻叶、蓖麻籽饼、三叶草和南瓜蔓等作饲料时，用量不能过大，最好能将其调制成青贮饲料，或割后晾晒降低毒素。

（三）生物碱及其对动物的毒害

到目前为止，在植物中已经鉴定出来的生物碱有2 000种以上。在豆科的羽扇豆、禾本科的草芦和紫草科的聚合草等青绿饲料中，生物碱含量比较高。羽扇豆在欧洲的栽培历史已有1 000

多年了，但由于其生物碱含量高而使它的利用受到限制。草芦最少含有 8 种生物碱，属于吲哚型生物碱。据报道，羽扇豆含有 4 种生物碱，种子中生物碱含量最高，可达 0.3%～1.08%；茎秆中的生物碱含量也很高。绵羊和马最容易发生羽扇豆生物碱中毒，牛和猪也能中毒。聚合草中的主要生物碱为聚合草素，约占总生物碱的 1/4。除聚合草素外，还含有聚合草醇碱、毛果天芥菜碱等。聚合草素会使多种家畜肝脏中毒，可引起急性肝坏死或慢性实质性肝细胞肥大，甚至可引起肝肿瘤和畸形胎。关于生物碱中毒的临界含量目前尚未见到确切报道，但从牧草生物碱含量和家畜采食量来看是相当惊人的。例如，苇状狐茅的泊奴林生物碱含量为每千克干物质3 000～6 000微克，如果一头奶牛一天食量为 60 千克草，经计算则一头奶牛一天要吃进 50～100 克生物碱，这样对家畜危害很大。

动物中毒初期的表现为末梢部位发红，肿胀，皮温低下，脱毛，有的在耳、鼻、后肢等部位发生坏疽。同时，伴有食欲降低，体重减轻，跛行，长时间卧地不起，严重的病例出现腹泻。还可引起胎儿死亡，流产，使繁殖力降低。目前尚无特效药物治疗，中毒后应立即停喂可疑饲草饲料，供给优质全价饲料。将病畜转移至温暖、干燥的环境中，夏季应避免苍蝇在病变部位附着。对此主要采取控制继发细菌感染，硝普盐浸剂缓解血管收缩。若发现被麦角菌污染的谷粒，应清除干净，在生产过程中应控制麦角形成。

（四）有毒氨基酸及其对动物的毒害

牧草中一些有毒氨基酸能够使家畜发生中毒。例如，栽培山戴豆含有一种叫作 β-氢基丙酸的有毒氨基酸，它可能是一种神经毒氨基酸，结构式和谷氨酸相似，该植物种子的毒性最大，马最容易发生。另外，有一种叫作含羞草氨酸的有毒氨基酸，牛、羊和马等家畜采食后均可发生中毒。

（五）草酸盐及其对动物的毒害

许多植物都含有草酸盐，一次采食过多会发生中毒现象。据报道，栽培牧草中非洲狗尾草植株中含有大量草酸盐，在放牧时有时会发生食用该草中毒和死亡。

（六）草木樨及其对动物的毒害

草木樨本身不含有毒物质，但含有香豆素，当草木樨发霉腐败时，在细菌作用下，可使香豆素变为双香豆素，其结构式与维生素 K 相似，具有拮抗作用。

双香豆素中毒主要发生于牛，其他动物很少发生。中毒发生缓慢，通常饲喂草木樨 2～3 周后发病。牛中毒后食欲变化不大，主要表现为机体衰弱，步态不稳，运动困难，有时发生跛行，体温低，发抖，瞳孔放大。该病病症是凝血时间变慢，在颈部、背部，有时在后躯皮下形成血肿，鼻孔可流出血样泡沫。

此病可用维生素 K 治疗。注意饲喂草木樨时逐渐增加喂量，不能突然大量饲喂，不要投喂发霉变质的草木樨。

（七）银合欢及其对动物的毒害

银合欢含有含羞草素，在反刍动物瘤胃中所产生的代谢产物 3-羟基-4 一氧代吡啶基，对反刍家畜有一定毒性。采食过量或长时间舍饲单一喂用，家畜会出现脱毛、食欲减退、生长迟缓、唾液过多、甲状腺肿大和步态失调等症状。解决的办法是：①混播适口性好的禾本科牧草，控制放牧时间；②舍饲青喂，应与禾本科牧草等量混喂；③青饲的安全日用量为羊、鹿用 30%～60%，牛 30%，猪 10%，鸡 5%；④将其茎叶浸泡在清水中 12 小时，干燥后再饲喂；⑤用作青贮材料，可降低毒性 48.4%，而不致中毒；⑥接种从澳大利亚引进的脱毒细菌，能安全脱毒；⑦长期采食银合欢的动物瘤胃中，有一种含羞草素消化细菌，将其接种到其他动物瘤胃中形成脱毒菌素，对银合欢具有完全的脱毒能力。

二、影响牧草和饲料作物毒物含量的因素

影响毒物含量的因素是多方面的，概括起来有以下几方面：牧草和饲料作物本身含量的不同，如种、品种和生长阶段；环境条件，如地理位置、温度和光照等；农业技术措施，如刈割、施肥等。

（一）牧草和饲料作物种和生育阶段的不同

1. 种和品种 从牧草的硝酸盐含量来说，种的差别很大，品种间的差别也很大。例如，燕麦硝酸盐含量高的品种和含量低的品种间相差可达一倍。在氢氰酸含量方面，情况也基本相似，以高粱为例，品种间差别可达50%以上。羽扇豆、聚合草和苇状狐茅属于生物碱含量高的牧草，放牧利用时应注意。

2. 生长阶段 牧草和饲料作物的硝酸盐含量因成熟阶段的不同而不同。一般来说，植株中的硝酸盐含量随着成熟期的推移而下降。苜蓿在孕蕾前硝酸盐含量为0.18%，结籽后下降到0.12%。高粱叶片的氢氰酸含量，随着成熟而下降。营养期叶片的氢氰酸含量要比蜡熟期高20多倍。生物碱含量也有类似情况，如草芦的生物碱含量从营养期到开花期大概下降了40%。

3. 植株部位 从植株部位来说，其硝酸盐含量也不相同。例如，燕麦、玉米茎秆的硝酸盐含量高于叶子和花絮。高粱叶子的氢氰酸含量比茎秆高，茎秆上部叶子的含量比下部高。草芦的生物碱大部分集中在叶片中，上部叶片含量比下部高，花絮含量次之，根和茎含量最低。

4. 植株个体 从一些资料来看，牧草和饲料作物有毒成分

在植株个体之间也有所不同，这一属性为选育少毒或无毒的优质牧草和饲料作物提供了有利条件。

（二）环境条件

1. 地理位置　据报道，随着海拔高度的增加，白三叶含生氰糖苷成分的植株数量有着明显下降的趋势。研究指出，植物生物碱的毒性与含生物碱植物的地理位置有关系，热带植物生物碱的毒性比温带植物大得多。

2. 温度　在牧草和饲料作物的研究中，有人发现高粱植株在受冻或冷冻之后氢氰酸含量下降了，但有些报道说冷冻后氢氰酸含量增加了，后来发现主要是由于温度不同造成的。当温度下降到5℃以下才能杀死植株，氢氰酸含量才会下降。同时研究发现，低温是硝酸盐大量积聚的主要原因。

3. 光照　研究指出，在低光照条件下许多植物的硝酸盐含量增加，遮光也能增加生物碱含量。例如，草芦的生物碱含量当遮光量达到73%时比未遮光增加了一倍。近来澳大利亚有报道指出，有一禾本科草由于受大的遮阴影响硝酸盐含量很高，结果使在该牧场上放牧的19头牛全部死亡。

4. 干旱　气候干燥往往是造成牧草硝酸盐含量增高的很重要的原因，有报道说牛吃了受旱的玉米茎秆曾发生了中毒现象。据有关分析结果，受旱的植株的硝酸盐含量高于未受旱的。

5. 水分含量　当植株含水量下降时氢氰酸含量增加。草芦放在土壤缺水条件下，结果它们的生物碱含量都增加了，增加量可达一倍以上。

6. 土壤成分　当土壤缺微量元素铜、镁和钼时，牧草中的硝酸盐就会大量积累。土壤石灰含量高时也会大量增加牧草的硝酸盐含量。又据报道，在缺锰、铜和磷等元素的土壤上增施这些营养元素时，结果降低了草芦的生物碱含量。

（三）农业技术措施

1. 刈割 苏丹草及其杂种的氢氰酸含量因刈割次数多少而有所不同，刈割 4 次的含量比刈割 3 次的高。刈割高度对牧草氢氰酸含量也有影响。苏丹草、苏丹草杂种在刈割 4 次时，7.6 厘米留茬高度的氢氰酸含量比 15.2 厘米的高，但在刈割 3 次时，15.2 厘米留茬高度的氢氰酸含量却比 7.6 厘米的高。

2. 施肥 施肥对牧草和饲料作物的各种有毒成分均有不同程度的影响，一般来说，它在加剧中毒症状的发生方面起着重要作用。肥料特别是氮肥是影响牧草和饲料作物硝酸盐含量最为重要的因素。许多试验都表明，给牧草和饲料作物施氮肥能够增加它们的硝酸盐含量。磷肥对牧草和饲料作物的硝酸盐含量也有一定影响，但影响不如氮肥那样大，以硝酸盐的含量来看，它并不像氮肥那样随着施肥量的增加呈增加趋势。氮肥和磷肥相比，氮肥对苇状狐茅生物碱含量的影响最大。土壤的有效氮量对牧草和饲料作物的氢氰酸含量也有一定影响，如高粱氢氰酸含量随着土壤供给有效氮量的增加而增加。

3. 选育优质低毒牧草和饲料作物 主要有以下几种：①羽扇豆的蛋白质含量很高，但其最大的缺点是生物碱含量高，饲喂家畜时容易发生中毒，从而限制了它的栽培和利用。低毒羽扇豆的选育工作先是经过单株选，选出了少数不含生物碱的羽扇豆。后来经过许多科学工作者的努力，已在黄花羽扇豆、白花羽扇豆、蓝花羽扇豆和多年羽扇豆中找到了不含生物碱的类型。②草芦是一种很重要的栽培牧草，但是由于它本身含有生物碱，放牧时很容易发生中毒而受到了限制。选育低毒或无毒草芦的工作虽然开始得比较早，但目前进展还不大，还没有选育成新的类型。③白三叶和百脉根植株中存在着氰化物和非氰化物，前者毒性很大而后者毒性很小，按照这一特性，人们有可能从中找出新的低毒类型。据报道，在其检查的一些百脉根品种中，氢氰酸含量有高有低，高的要比低的高1倍多。又据报道，在百脉根中已找出了非氰化物植株，但因植株矮小应用价值不大。④苜蓿皂素是一种糖苷，具有生物学活性。这种皂素除了与膨胀病的发生有关系外，还与中毒有一定关系。皂素含量低的苜蓿品系有可能减轻中毒情况的发生。苜蓿皂素的遗传力比较高，大量筛选时能够选出皂素含量低的品种。目前已知的皂素含量低的苜蓿品种是Lahontan，用它来饲喂鸡，鸡的日增重和产蛋率都比皂素含量多的品种高。

通过介绍各类有毒物质及对动物的毒害，了解到了不同作物中含有的有毒物质不同，对动物造成的毒害也各不相同以及动物食入后所表现的发病特征。在日常生产饲喂过程中要重点加强对饲草的品种改良，降低饲草毒性，防止奶牛中毒。

第六章 奶牛青贮饲料

青贮饲料是指将新鲜的青饲料切短装入密封容器里，经过微生物发酵作用，制成一种具有特殊芳香气味、营养丰富的多汁饲料。它能够长期保存青绿多汁饲料的特性，扩大饲料资源，保证家畜均衡供应青绿多汁饲料。青贮饲料具有气味酸香、柔软多汁、颜色黄绿和适口性好等优点。

青贮饲料在各国畜牧生产中普遍推广应用，特别是在奶牛饲喂上更是重要的青绿多汁饲料。目前，青贮制作技术和以往相比有较大程度的改进，在青贮方法上推广采用低水分青贮，添加添加剂、糖蜜、谷物等特种青贮法，提高青贮效果，改进了青贮饲料的品质。青贮设备向大型密闭式的青贮塔发展，青贮塔用防腐防锈钢板制成，装料与取料已实行机械化。青贮原料由农作物的秸秆发展到专门建立饲料地、种植青贮原料，特别是种植青贮玉米，使青贮饲料的数量和质量有较大提高。生产实践证明，饲料青贮是调剂青绿饲料歉丰，以旺养淡，以余补缺，合理利用青饲料的一项有效方法。

一、青贮饲料的制作方法

青贮饲料的制作可以采用普通青贮法和特种青贮法，其青贮原理和制作方法存在有一定的差异。

（一）普通青贮

1. 青贮饲料的特点

（1）青贮饲料能够保存青绿饲料的营养特性。青绿饲料在密封厌氧条件下保藏，不受日晒、雨淋的影响，也不受机械损失影响；贮藏过程中，氧化分解作用微弱，养分损失少，一般不超过10%。据试验，青绿饲料在晒制成干草的过程中，养分损失一般达20%～40%。每千克青贮甘薯藤干物质中含有胡萝卜素可达94.7毫克，而在自然晒制的干藤中，每千克干物质只含2.5毫克。据测定，在相同单位面积耕地上，所产的全株玉米青贮料的营养价值比所产的玉米籽粒加干玉米秸秆的营养价值高出30%～50%。

（2）可以四季供给家畜青绿多汁饲料。调制良好的青贮料管理得当，可贮藏多年，因此可以保证家畜一年四季都能吃到优良的多汁料。青贮饲料仍保持青绿饲料的水分、维生素含量高和颜色青绿等优点。我国西北、东北和华北地区，气候寒冷，生长期短，青绿饲料生产受限制，整个冬春季节都缺乏青绿饲料，调制青贮饲料把夏、秋多余的青绿饲料保存起来，供冬春利用，解决了冬春家畜缺乏青绿饲料的问题。

（3）消化性强，适口性好。青贮饲料经过乳酸菌发酵，产生大量乳酸和芳香族化合物，具酸香味，柔软多汁，适口性好，各种家畜都喜食。青贮饲料对提高家畜日粮内其他饲料的消化也有良好的作用。用同类青草制成的青贮饲料和干草，青贮料的消化率有所提高（表6-1）。

表6-1　青贮料与干草消化率比较

单位：%

种类	干物质	粗蛋白	脂肪	无氮浸出物	粗纤维
干草	65	62	53	71	65
青贮料	69	63	68	75	72

（4）青贮饲料单位容积内贮量大。青贮饲料贮藏空间比干草小，可节约存放场地。1米^{3}青贮料重量为450～700千克，其中含干物质为150千克，而1米^{3}干草重量仅70千克，约含干物质

60 千克。1 吨青贮苜蓿占体积 1.25 米^3，而 1 吨苜蓿干草则占体积 13.3～13.5 米^3。在贮藏过程中，青贮饲料不受风吹、日晒和雨淋的影响，也不会发生火灾等事故。青贮饲料经发酵后，可使其所含的病菌虫卵和杂草种子失去活力，减少对农田的危害。如玉米螟的幼虫常钻入玉米秸秆越冬，翌年便孵化为成虫继续繁殖为害。秸秆青贮是防治玉米螟的最有效措施之一。

（5）青贮饲料调制方便，可以扩大饲料资源。青贮饲料的调制方法简单、易于掌握。修建青贮窖或制备塑料袋的费用较少，一次调制可长久利用。调制过程受天气条件的限制较小，在阴雨季节或天气不好时，晒制干草困难，对青贮的进行则影响较小。调制青贮饲料可以扩大饲料资源，一些植物和菊科类及马铃薯茎叶在青饲时，具有异味，家畜适口性差，饲料利用率低。但经青贮后，气味改善，柔软多汁，提高了适口性，成为家畜喜食的优质青绿多汁饲料。有些农副产品如甘薯、萝卜叶和甜菜叶等收获期很集中，收获量很大，短时间内用不完，又不能直接存放，或因天气条件限制不易晒干，若及时调制成青贮饲料，则可充分发挥此类饲料的作用。

2. 青贮原理 青贮就是利用青绿饲料中存在的乳酸菌，在厌氧条件下对饲料进行发酵，使饲料中的部分糖源转变为乳酸，使青贮饲料的 pH 降到 4.2 以下，以抑制其他好氧微生物如霉菌、腐败菌等的繁殖生长，从而达到长期贮存青贮饲料的目的。青贮发酵的机理是一个复杂的微生物活动和生物化学的变化过程。青贮饲料成败的关键在于能否满足乳酸菌生长繁殖的 3 个条件：无氧环境、原料中足够的糖分，再加上适宜的含水量，三者缺一不可。为保证无氧环境，青料收割后，应尽可能在短时期内切短、装窖、压实、封严，这是保持低温和创造厌氧的先决条件。切短是便于压实，压实是为了排除空气，密封是隔绝空气。否则，如有空气就会使植物细胞继续持续呼吸，窖温升高，不仅有利于杂菌繁殖，也引起营养物质大量损失。为保证乳酸菌的大量繁殖，必须有适当的含糖量。

（1）青贮时各种微生物及其作用。刚刈割的青饲料中，带有各种细菌、霉菌、酵母等微生物，其中腐败菌最多，乳酸菌很少（表 6-2）。

表 6-2　每克新鲜饲料上微生物的数量

饲料种类	腐败菌（$\times 10^6$）	乳酸菌（$\times 10^3$）	酵母菌（$\times 10^3$）	酪酸菌（$\times 10^3$）
草地青草	12.0	8.0	5.0	1.0
野豌豆燕麦混播	11.9	1 173.0	189.0	6.0
三叶草	8.0	10.0	5.0	1.0
甜菜茎叶	30.0	10.0	10.0	1.0
玉米	42.0	170.0	500.0	1.0

资料来源：引自王成章主编《饲料生产学》(1998)。

由表 6-2 看出，新鲜青饲料上腐败菌的数量，远远超过乳酸菌的数量。青饲料如不及时青贮，在田间堆放 2～3 天后，腐败菌大量繁殖，每克青饲料中往往数亿以上。因此，为促使青贮过程中有益乳酸菌的正常繁殖活动，必须了解各种微生物的活动规律和对环境的要求（表 6-3），以便采取措施，抑制各种不利于青贮的微生物活动，消除一切妨碍乳酸形成的条件，创造有益于青贮的乳酸菌活动的最适宜环境。

表 6-3　几种微生物要求的条件

微生物种类	氧气	温度（℃）	pH
乳酸链球菌	±	25～35	4.2～8.6
乳酸杆菌	—	15～25	3.0～8.6
枯草菌	+	—	—
马铃薯菌	+	—	7.5～8.5
变形菌	+	—	6.2～6.8

（续）

微生物种类	氧气	温度（℃）	pH
酵母菌	+	—	4.4～7.8
酪酸菌	—	35～40	4.7～8.3
醋酸菌	+	15～35	3.5～6.5
霉菌	+	—	—

资料来源：引自王成章主编《饲料生产学》(1998)。

①乳酸菌。乳酸菌种类很多，其中对青贮有益的，主要是乳酸链球菌、德氏乳酸杆菌。它们均为同质发酵的乳酸菌，发酵后只产生乳酸。此外，还有许多异质发酵的乳酸菌，除产生乳酸外，还产生大量的乙醇、醋酸、甘油和二氧化碳等。乳酸链球菌属兼性厌氧菌，在有氧或无氧条件下均能生长繁殖，耐酸能力较低，青贮饲料中酸量达 0.5%～0.8%、pH 在 4.2 时即停止活动。乳酸杆菌为厌氧菌，只在厌氧条件下生长和繁殖，耐酸力强，青贮料中酸量达 1.5%～2.4%，pH 为 3 时才停止活动，各类乳酸菌在含有适量的水分和碳水化合物、缺氧环境条件下，生长繁殖快，可使单糖和双糖分解生成大量乳酸。

$$C_6H_{12}O_6 \rightarrow 2CH_3CHOHCOOH$$

$$C_{12}H_{22}O_{11} + H_2O \rightarrow 4CH_3CHOHCOOH$$

上述反应中，每摩尔六碳糖含能2 832.6千焦，生成乳酸仍含能 2 748 千焦，仅减少 84.6 千焦，损失不到 3%。

五碳糖经乳酸发酵，在形成乳酸的同时，还产生其他酸类，如丙酸、琥珀酸等。

$$C_5H_{10}O_5 \rightarrow CH_3CHOHCOOH + CH_3COOH$$

根据乳酸菌对温度要求的不同，可分为好冷性乳酸菌和好热性乳酸菌两类。好冷性乳酸菌在 25～35℃温度条件下繁殖最快，正常青贮时，主要是好冷性乳酸菌活动。好热性乳酸菌发酵结果，可使温度达到 52～54℃，如超过这个温度，则意味着还有其他好气性腐败菌等微生物参与发酵。高温青贮养分损失大，青贮饲料品质差，应当避免。

乳酸的大量形成，一方面为乳酸菌本身生长繁殖创造了条件，另一方面产生的乳酸使其他微生物如腐败菌、酪酸菌等死亡。乳酸积累的结果使酸度增强，乳酸菌自身也受抑制而停止活动。在良好的青贮饲料中，乳酸含量一般占青饲料重的1%～2%，pH下降到4.2以下时，只有少量的乳酸菌存在。

②酪酸菌（丁酸菌）。它是一种厌氧、不耐酸的有害细菌，主要有丁酸梭菌、蚀果胶梭菌和巴氏固氮梭菌等。它在pH 4.7以下时不能繁殖，原料上本来不多，只在温度较高时才能繁殖。酪酸菌活动的结果，使葡萄糖和乳酸分解产生具有挥发性臭味的丁酸，也能将蛋白质分解为挥发性脂肪酸，使原料发臭变黏。

当青贮饲料中丁酸含量达到万分之几时，即影响青贮料的品质。青贮原料幼嫩、碳水化合物含量不足、含水量过高以及装压过紧，均易促使酪酸菌活动和大量繁殖。

③腐败菌。凡能强烈分解蛋白质的细菌统称为腐败菌。此类细菌很多，有嗜高温的，也有嗜中温或低温的。有好氧的如枯草杆菌、马铃薯杆菌，有厌氧的如腐败梭菌和兼性厌氧菌如普通变形杆菌。它们能使蛋白质、脂肪、碳水化合物等分解产生氨、硫化氢、二氧化碳、甲烷和氢气等，使青贮原料变臭变苦，养分损失大，不能饲喂家畜，导致青贮失败。不过腐败菌只在青贮料装压不紧、残存空气较多或密封不好时才大量繁殖；在正常青贮条件下，当乳酸逐渐形成，pH下降，氧气耗尽后，腐败细菌活动即迅速抑制，以至死亡。

④酵母菌。酵母菌是好气性菌，喜潮湿，不耐酸。在青饲料切碎尚未装贮完毕之前，酵母菌只在青贮原料表层繁殖，分解可溶性糖，产生乙醇及其他芳香类物质。待封窖后，空气越来越少，其作用随即减弱。在正常青贮条件下，青贮料装压较紧，原

料间残存氧气少，酵母菌活动时间短，所产生的少量乙醇等芳香物质，使青贮具有特殊气味。

⑤醋酸菌。它属好气性菌。在青贮初期有空气存在的条件下，可大量繁殖。酵母或乳酸发酵产生的乙醇，再经醋酸发酵产生醋酸。醋酸产生的结果可抑制各种有害不耐酸的微生物如腐败菌、霉菌、酪酸菌的活动与繁殖。但在不正常情况下，青贮窖内氧气残存过多，醋酸产生过多，因醋酸有刺鼻气味，影响家畜的适口性并使饲料品质降低。

⑥霉菌。它是导致青贮变质的主要好气性微生物，通常仅存在于青贮饲料的表层或边缘等易接触空气的部分。正常青贮情况下，霉菌仅生存于青贮初期，酸性环境和厌氧条件下，足以抑制霉菌的生长。霉菌破坏有机物质，分解蛋白质产生氨，使青贮料发霉变质并产生酸败味，降低其品质，甚至失去饲用价值。

（2）青贮发酵过程。一般青贮的发酵过程可分为 3 个阶段，即好气性菌活动阶段、乳酸发酵阶段和青贮稳定阶段。

①好气性菌活动阶段。新鲜青贮原料在青贮容器中压实密封后，植物细胞并未立即死亡，在 1～3 天仍进行呼吸作用，分解有机物质，直至青贮饲料内氧气消耗尽，呈厌氧状态时才停止呼吸。

在青贮开始时，附着在原料上的酵母菌、腐败菌、霉菌和醋酸菌等好气性微生物，利用植物细胞因受机械压榨而排出的富含可溶性碳水化合物的液汁，迅速进行繁殖。腐败菌、霉菌等繁殖最为强烈，它使青贮料中蛋白质破坏，形成大量吲哚、气体以及少量醋酸等。好气性微生物活动结果以及植物细胞的呼吸，使得青贮原料间存在的少量氧气很快殆尽，形成厌氧环境。另外，植物细胞呼吸作用、酶氧化作用及微生物的活动还放出热量。厌氧和温暖的环境为乳酸菌发酵创造了条件。

如果青贮原料中氧气过多，植物呼吸时间过长，好气性微生物活动旺盛，会使原料内温度升高，有时高达 60℃左右，因而削弱乳酸菌与其他微生物竞争能力，使青贮饲料营养成分损失过多，青贮饲料品质下降。因此，青贮技术关键是尽可能缩短第一阶段时间，通过及时青贮和切短压紧密封好来减少呼吸作用和好气性有害微生物繁殖，以减少养分损失，提高青贮饲料质量。

②乳酸菌发酵阶段。厌氧条件及青贮原料中的其他条件形成后，乳酸菌迅速繁殖，形成大量乳酸。酸度增大，pH 下降，促使腐败菌、酪酸菌等活动受抑停止，甚至绝迹。当 pH 下降到 4.2 以下时，各种有害微生物都不能生存，就连乳酸链球菌的活动也受到抑制，只有乳酸杆菌存在。当 pH 为 3 时，乳酸杆菌也停止活动，乳酸发酵即基本结束。

一般情况下，糖分适宜原料发酵 5～7 天，微生物总数达高峰，其中乳酸菌为主。玉米青贮过程中，各种微生物的变化情况如表 6-4 所示。从中可以看出，玉米青贮后半天，乳酸菌数量即达到最高峰，每克饲料中达 16.0 亿。第四天时下降到 8.0 亿，pH 达 4.5，而其他微生物则已全部停止繁殖而绝迹。因此，玉米青贮发酵过程比豆科牧草快，青贮品质也好，是最优良的青贮作物。

表 6-4　玉米青贮发酵过程中各种微生物数量的变化

青贮日数	每克饲料中细菌数量（$\times 10^4$）			pH
	乳酸菌	大肠好气性菌	酪酸菌	
开始	甚少	0.03	0.01	5.9
0.5	160 000.0	0.025	0.01	—
4	80 000.0	0	0	4.5
8	17 000.0	0	0	4.0
20	380.0	0	0	4.0

资料来源：引自王成章主编《饲料生产学》(1998)。

③稳定阶段。在此阶段青贮饲料内各种微生物停止活动，只有少量乳酸菌存在，营养物质不会再损失。在一般情况下，糖分含量较高的玉米、高粱等青贮后 20～30 天就可以进入稳定阶段，

豆科牧草需 3 个月以上，若密封条件良好，青贮饲料可长久保存下去。

3. 调制优良青贮料应具备的条件 在制作青贮饲料时，要使乳酸菌快速生长和繁殖，必须为乳酸菌创造良好的条件。有利于乳酸菌生长繁殖的条件是青贮原料应具有一定的含糖量、适宜的含水量以及厌氧环境。

（1）青贮原料应有适当的含糖量。乳酸菌要产生足够数量的乳酸，必须有足够数量的可溶性糖分。若原料中可溶性糖分很少，即使其他条件都具备，也不能制成优质青贮料。青贮原料中的蛋白质及碱性元素会中和一部分乳酸，只有当青贮原料中 pH 为 4.2 时，才可抑制微生物活动。因此乳酸菌形成乳酸，使 pH 达 4.2 时所需要的原料含糖量是十分重要的条件，通常把它叫作最低需要含糖量。原料中实际含糖量大于最低需要含糖量，即为正青贮糖差；相反，原料实际含糖量小于最低需要含糖量时，即为负青贮糖差。凡是青贮原料为正青贮糖差就容易青贮，且正数越大越易青贮；凡是原料为负青贮糖差就难以青贮，且差值越大，则越不易青贮。

最低需要含糖量是根据饲料的缓冲度计算，即：

饲料最低需要含糖量（%）＝饲料缓冲度×1.7

饲料缓冲度是中和每 100 克全干饲料中的碱性元素，并使 pH 降低到 4.2 时所需的乳酸克数。因青贮发酵消耗的葡萄糖只有 60%变为乳酸，所以得 100/60＝1.7 的系数，也即形成 1g 乳酸需葡萄糖 1.7g。

例如，玉米每 100 克干物质需 2.91 克乳酸，才能克服其中碱性元素和蛋白质等的缓冲作用，使其 pH 降低到 4.2，因此 2.91 是玉米的缓冲度，最低需要含糖量为 2.91%×1.7＝4.95%。玉米的实际含糖量是 26.80%，青贮糖差为 21.85%。

紫花苜蓿的缓冲度是 5.58%，最低需要含糖量为 5.58%×1.7＝9.50%，因紫花苜蓿中的实际含糖量只有 3.72%，所以青贮糖差为-5.78%。豆科牧草青贮时，由于原料中含糖量低，乳酸菌不能正常大量繁殖，产乳酸量少，pH 不能降到 4.2 以下，会使腐败菌、酪酸菌等大量繁殖，导致青贮料腐败发臭，品质降低。因此要调制优良的青贮料，青贮原料中必须含有适当的糖量。一些青贮原料干物质中含糖量见表 6-5。

表 6-5　一些青贮原料中干物质中含糖量

易于青贮原料			不易青贮原料		
饲料	青贮后 pH	含糖量（%）	饲料	青贮后 pH	含糖量（%）
玉米植株	3.5	26.8	紫花苜蓿	6.0	3.72
高粱植株	4.2	20.6	草木樨	6.6	4.5
菊芋植株	4.1	19.1	箭筈豌豆	5.8	3.62
向日葵植株	3.9	10.9	马铃薯茎叶	5.4	8.53
胡萝卜茎叶	4.2	16.8	黄瓜蔓	5.5	6.76
饲用甘蓝	3.9	24.9	西瓜蔓	6.5	7.38
芜菁	3.8	15.3	南瓜蔓	7.8	7.03

资料来源：王成章主编《饲料生产学》(1998 年)。

一般来说，禾本科饲料作物和牧草含糖量高，容易青贮；豆科饲料作物和牧草含糖量低，不易青贮。易于青贮的原料有玉米、高粱、禾本科牧草、甘薯藤、南瓜、菊芋、向日葵、芜菁和甘蓝等。不易青贮的原料有苜蓿、三叶草、草木樨、大豆、豌豆、紫云英和马铃薯茎叶等，只有与其他易于青贮的原料混贮或添加富含碳水化合物的饲料，或加酸青贮才能成功。

(2) 青贮原料应有适宜的含水量。青贮原料中含有适量水分，是保证乳酸菌正常活动的重要条件。水分含量过高或过低，均会影响青贮发酵过程和青贮饲料的品质。如水分过低，青贮时难以踩紧压实，窖内留有较多空气，造成好气性菌大量繁殖，使饲料发霉腐败。水分过多时易压实结块，利于酪酸菌的活动。同时，植物细胞液汁被挤后流失，使养分损失（表 6-6）。

表 6-6　青贮原料含水量与排汁量、干物质损失的关系

原料含水量（%）	干物质含量（%）	每 100 千克青贮原料中		排汁中干物质损失（%）
		排汁量(千克)	排汁中干物质量（千克）	
84.5	15.5	21.0	1.05	6.7
82.5	17.5	13.0	0.65	3.7
80.0	20.0	6.0	0.30	1.5
78.0	22.0	4.0	0.20	0.9
75.0	25.0	1.0	0.05	0.2
70.0	30.0	0	0	0

从表 6-6 可以看出，青贮原料中含水量为 84.5%时，排汁中损失的干物质占青贮原料干物质的 6.7%，而含水量为 70%的青贮原料，已无液汁排出，干物质不受损失。青贮原料中水分过多时，细胞液中糖分过于稀释，不能满足乳酸菌发酵所要求的一定糖分浓度，反利于酪酸菌发酵，使青贮料变臭、品质变坏。因此，乳酸菌繁殖活动，最适宜的含水量为 65%～75%。豆科牧草的含水量以 60%～70%为好。但青贮原料适宜含水量因质地不同而有差别，质地粗硬的原料含水量可达 80%，而收割早、幼嫩多汁的原料则以 60%较合适。判断青贮原料水分含量的简单办法是：将切碎的原料紧握手中，然后手自然松开，若仍保持球状，手有湿印，其水分含量在68%～75%；若草球慢慢膨胀，手上无湿印，其水分在 60%～67%，适于豆科牧草的青贮；若手松开后，草球立即膨胀，其水分为在 60%以下，只适于幼嫩牧草低水分青贮（表 6-7）。

表 6-7　手工评估青贮含水量

项　　目	水分含量（%）
用手挤压青贮饲料	
水很易挤出，饲料成形	≥80
水刚能挤出，饲料成形	75～80
只能少许挤出一点水（或无法挤出），但饲料成形	70～75
无法挤出水，饲料慢慢分开	60～70
无法挤出水，饲料很快分开	≤60

含水过高或过低的青贮原料，青贮时应处理或调节。对于水分过多的饲料，青贮前应稍晾干凋萎，使其水分含量达到要求后再青贮。如凋萎后还不能达到适宜含水量，应添加干料进行混合青贮。也可以将含水量高的原料和低水分原料按适当比例混合青贮，如玉米秸和甘薯藤、甘薯藤和花生秧、玉米秸和紫花苜蓿是比较好的组合，但青贮的混合比例以含水量高的原料占 1/3 为适合。

（3）创造厌氧环境。为了给乳酸菌创造良好的厌氧生长繁殖条件，须做到原料切短，装实压紧，青贮窖密封良好。

青贮原料切短的目的是为了便于装填紧实，取用方便，家畜便于采食，且减少浪费。同时原料切短或粉碎后，青贮时易使植物细胞渗出液汁，湿润表面，糖分流出附在原料表层，有利于乳酸菌的繁殖。切短程度应视原料性质和畜禽需要来定，对牛来说，细茎植物如禾本科牧草、豆科牧草、草地青草、甘薯藤和幼嫩玉米苗等，切成 3～4 厘米长即可；对粗茎植物或粗硬的植物如玉米、向日葵等，切成 2～3 厘米较为适宜。叶菜类和幼嫩植物，也可不切短青贮。

原料切短后青贮，易装填紧实，使窖内空气排出。否则，窖内空气过多，好气菌大量繁殖，氧化作用强烈，温度升高（可达 60℃），使青贮料糖分分解，维生素破坏，蛋白质消化率降低。一般原料装填紧实适当的青贮，发酵温度在 30℃左右，最高不超过 38℃。

青贮的装料过程越快越好，这样可以缩短原料在空气中暴露的时间，减少由于植物细胞呼吸作用造成的损失，也可避免好气性菌大量繁殖。窖装满压紧后立即覆盖，造成厌氧环境，促使乳酸菌的快速繁殖和乳酸的积累，保证青贮饲料的品质。

4. 青贮设备　青贮容器的种类很多，但常用的有青贮窖和青贮塔。这些设备都应有它的基本要求，才能保证良好的青贮效果。首先，青贮的场址应选择土质坚硬、地势高燥、地下水位低、靠近畜舍、远离水源和粪坑的地方。其次，青贮设备要坚固牢实，不透气，不漏水。

①青贮塔。是地上的圆筒形建筑，一般用砖和混凝土修建而成，长久耐用，青贮效果好，便于机械化装料与卸料。青贮塔的高度应不小于其直径的 2 倍，不大于直径的 3.5 倍，一般塔高 12～14 米，直径 3.5～6.0 米。在塔身一侧每隔 2 米高开一个 0.6 米×0.6 米的窗口，装时关闭，取空时敞开（图 6-1）。

图 6-1　饲料青贮塔

近年来，国外采用气密（限氧）的青贮塔，由镀锌钢板乃至钢筋混凝土构成，内边有玻璃层，防气性能好。提取青贮饲料可以从塔顶或塔底用旋转机械进行。可用于制作低水分青贮、湿玉米青贮或一般青贮，青贮饲料品质优良，但成本较高，只能依赖机械装填。

②青贮池。青贮池有地下式及半地下式 2 种，多为饲养数量较少的场户所使用。地下式青贮池适于地下水位较低、土质较好的地区，半地下式青贮池适于地下水位较高或土质较差的地区。青贮以圆形或长方形为好。有条件的可建成永久性的，青贮池四周用砖石砌成，水泥抹面，坚固耐用，内壁光滑，不透气，不漏水。圆形池做成上大下小，便于压紧，长形青贮池池底应有一定

坡度，以利于取用完的部分雨水流出。青贮池容积，一般圆形池直径 2 米，深 3 米，直径与池深之比以 1∶(1.5～2.0) 为宜。长方形池的宽深之比为 1∶(1.5～2.0)，长度根据饲养数量和饲料多少而定（图 6-2）。

图 6-2　长方形的青贮池

③圆筒塑料袋。选用厚实的塑料膜作成圆筒形，可以作为青贮容器进行少量青贮。为防穿孔，宜选用较厚结实的塑料袋，可用两层。袋的大小，如不移动可做得大些；如要移动，以装满青贮料后 2 人能抬动为宜。塑料袋可用土埋住或放在畜舍内，要注意防鼠防冻。美国玉米生产带利用玉米穗轴破碎后填入塑料袋中，饲喂牛。或用一种塑料拉伸膜，这种青贮装置是将青草用机器卷压成圆捆然后用专门裹包机拉伸膜包被在草捆上进行青贮。

青贮建筑物容重的计算（参考公式如下）：

圆形池（塔）的容积＝3.14×半径^2×深度

长方形池的容积＝长×宽×深

各种青贮原料的单位容积质量，因原料的种类、含水量、切碎和踩实程度不同而不同。一般来说，叶菜类、紫云英、甘薯块根为 800 千克/米^3，甘薯藤为 700～750 千克/米^3，牧草、野草为 600 千克/米^3，全株玉米 600 千克/米^3，青贮玉米秸 450～500 千克/米^3。

5. 青贮程序 饲料青贮是一项突击性工作，事先要把青贮池、青贮切碎机或铡草机和运输车辆进行检修，并组织足够人力，以便在尽可能短的时间完成。青贮的操作要点，概括起来要做到“六随三要”，即随割、随运、随切、随装、随踩、随封，连续进行，一次完成；原料要切短、装填要踩实、窖顶要封严。

（1）原料的适时收割。优质青贮原料是调制优良青贮料的物质基础。适期收割，不但可以在单位面积上获得最大营养物质产量，而且水分和可溶性碳水化合物含量适当，有利于乳酸发酵，易于制成优质青贮料。一般收割宁早勿迟，随收随贮。

整株玉米青贮应在蜡熟期，即在干物质含量为25%～35%时收割最好。其明显标记是，靠近籽粒尖的几层细胞变黑而形成黑层。检查方法是：在果穗中部剥下几粒，然后纵向切开或切下尖部寻找靠近尖部的黑层，如果黑层存在，就可刈割作整株玉米青贮。

收果穗后的玉米秸青贮，宜在玉米果穗成熟、玉米茎叶仅有下部1～2片叶枯黄时，立即收割玉米秸青贮；或玉米成熟时削尖后青贮，但削尖时果穗上部要保留一张叶片。

一般来说，豆科牧草宜在现蕾期至开花初期进行收割，禾本科牧草在孕穗至抽穗期收割，甘薯藤、马铃薯茎叶在收薯前1～2天或霜前收割。原料收割后应立即运至青贮地点切短青贮。

（2）切短。少量青贮原料的切短可用人工铡草机，大规模青贮可用青贮切碎机。大型青贮料切碎机每小时可切5～6吨，最高可切割8～12吨。小型切草机每小时可切250～800千克。若条件具备，使用青贮玉米联合收获机，在田内通过机器一次完成割、切作业，然后送回装入青贮窖内，功效大大提高。

（3）装填压紧。装窖前，先将池或塔打扫干净，池底部可填一层10～15厘米厚的切短的干秸秆或软草，以便吸收青贮液汁。若为土池或四壁密封不好，可铺塑料薄膜。装填青贮料时应逐层装入，每层装15～20厘米厚，即应踩实，然后再继续装填。装填时应特别注意四角与靠壁的地方，要达到弹力消失的程度，如此边装边踩实，一直装满并高出池口 70 厘米左右。长方形池或地面青贮时，可用拖拉机进行碾压，小型池也可用人力踏实。青贮料紧实程度是青贮成败的关键之一，青贮紧实度适当，发酵完成后饲料下沉不超过深度的 10%。

(4) 密封。严密封池，防止漏水漏气是调制优良青贮料的一个重要环节。青贮容器密封不好，进入空气或水分，有利于腐败菌、霉菌等繁殖，使青贮料变坏。填满池后，先在上面盖一层切短秸秆或软草（厚 20～30 厘米）或铺塑料薄膜，然后再用土覆盖拍实，厚 30～50 厘米，并做成馒头形，有利于排水。青贮窖密封后，为防止雨水渗入窖内，距离四周约 1 米处应挖排水沟。以后应经常检查，池顶下沉有裂缝时，应及时覆土压实，防止雨水渗入。

（二）特种青贮

青贮原料因植物种类不同，本身含可溶性碳水化合物和水分不同，青贮难易程度也不同。采用普通青贮方法难以青贮的饲料，必须进行适当处理，或添加某些添加物，这种青贮方法叫特种青贮法。特种青贮所进行的各种处理，对青贮发酵的作用，主要有 3 个方面：一是促进乳酸发酵，如添加各种可溶性碳水化合物，接种乳酸菌，加酶制剂等青贮，可迅速产生大量乳酸，使 pH 很快达到 3.8～4.2；二是抑制不良发酵，如添加各种酸类、抑菌剂、凋萎或半干青贮，可防止腐败菌和酪酸菌的生长；三是提高青贮饲料的营养物质，如添加尿素、氨化物等，可增加粗蛋白质含量。

1. 低水分青贮 低水分青贮也称半干青贮。青贮原料中的微生物不仅受空气和酸的影响，也受植物细胞质的渗透压的影响。低水分青贮料制作的基本原理是：青饲料刈割后，经风干水分含量达 45%～50%，植物细胞的渗透压达 $55\times10^5\sim60\times$

10^5 Pa。这种情况下，腐败菌、酪酸菌以至乳酸菌的生命活动接近于生理干燥状态，生长繁殖受到限制。因此，在青贮过程中，青贮原料中糖分的多少，最终的 pH 的高低已不起主要作用，微生物发酵微弱，有机酸形成数量少，碳水化合物保存良好，蛋白质不被分解。虽然霉菌在风干植物体上仍可大量繁殖，但在切短压实和青贮厌氧条件下，其活动也很快停止。

低水分青贮法近十几年来在国外盛行，我国也开始在生产上采用。它具有干草和青贮料两者的优点。调制干草常因脱叶、氧化和日晒等使养分损失 15%～30%，胡萝卜素损失 90%；而低水分青贮料只损失养分 10%～15%。低水分青贮料含水量低，干物质含量比一般青贮料多一倍，具有较多的营养物质；低水分青贮饲料味微酸性，有果香味，不含酪酸，适口性好，pH 达 4.8～5.2，有机酸含量约 5.5%；优良低水分青贮料呈湿润状态，深绿色，结构完好。任何一种牧草或饲料作物，不论其含糖量多少，均可低水分青贮，难以青贮的豆科牧草如苜蓿、豌豆等尤其适合调制成低水分青贮料，从而为扩大豆科牧草或作物的加工调制范围开辟了新途径。

根据低水分青贮的基本原理和特点，制作时青贮原料应迅速风干，要求在刈割后 24～30 小时内，豆科牧草含水量应达 50%，禾本科达 45%。原料必须短于一般青贮，装填必须更紧实，才能造成厌氧环境以提高青贮品质。

2. 加酸青贮法 难贮的原料加酸之后，很快使 pH 下降至 4.2 以下，抑制了腐败菌和霉素的活动，达到长期保存的目的。加酸青贮常用无机酸和有机酸。

（1）加无机酸。对难贮的原料可以加盐酸、硫酸、磷酸等无机酸。盐酸和硫酸腐蚀性强，对窖壁和用具有腐蚀作用，使用时应小心。用法是 1 份硫酸（或盐酸）加 5 份水，配成稀酸，100 千克青贮原料中加 5～6 千克稀酸。青贮原料加酸后，很快下沉，遂停止呼吸作用，杀死细菌，降低 pH，使青贮质地变软。

国外常用的无机酸混合液有 30%HCl 92 份和 40% H_2SO_4 8 份配制而成，使用时 4 倍稀释，青贮时每 100 千克原料加稀释液或 8%～10%的 HCl 70 份，8%～10%的 H_2SO_4 30 份混合制成，青贮时按原料质量的 5%～6%添加。

强酸易溶解钙盐，对家畜骨骼发育有影响，注意家畜日粮中钙的补充。使用磷酸价格高，腐蚀性强，能补充磷，但饲喂家畜时应补钙，使其钙磷平衡。

（2）加有机酸青贮。添加在青贮料中的有机酸有甲酸（蚁酸）和丙酸等。甲酸是很好的发酵抑制剂，一般用量为每吨青贮原料加纯甲酸 2.4～2.8 千克。添加甲酸可减少青贮中乳酸、乙酸含量，降低蛋白质分解，抑制植物细胞呼吸，增加可溶性碳水化合物与真蛋白含量。

丙酸是防霉剂和抗真菌剂，能够抑制青贮中的好气性菌，作为好气性破坏抑制剂很有效，但作为发酵剂不如甲酸，其用量为青贮原料的 0.5%～1.0%。添加丙酸可控制青贮的发酵，减少氨氮的形成，降低青贮原料的温度，促进乳酸菌生长。

加酸制成的青贮料，颜色鲜绿，具香味，品质好，蛋白质分解损失仅 0.3%～0.5%，而在一般青贮中则达 1%～2%。苜蓿和红三叶加酸青贮结果，粗纤维减少 5.2%～6.4%，且减少的这部分纤维水解变成低级糖，可被动物吸收利用。而一般青贮的粗纤维仅减少 1%左右，胡萝卜素、维生素 C 等加酸青贮时损失少。

（3）添加尿素青贮。青贮原料中添加尿素，通过青贮微生物的作用，形成菌体蛋白，以提高青贮饲料中的蛋白质含量。尿素的添加量为原料重量的 0.5%，青贮后每千克青贮饲料中增加消化蛋白质 8～11 克。

添加尿素后的青贮原料可使 pH、乳酸含量和乙酸含量以及粗蛋白质含量、真蛋白含量、游离氨基酸含量提高。氨的增多增加了青贮缓冲能力，导致 pH 略为上升，但仍低于低位 4.2，尿素还可以抑制开窖后的二次发酵。饲喂尿素青贮料可以提高干物质的采食量。

(4) 添加甲醛青贮。甲醛能抑制青贮过程中各种微生物的活动。40%的甲醛水溶液俗称福尔马林，常用于消毒和防腐。在青贮饲料中添加 0.15%～0.30%的福尔马林，能有效抑制细菌，发酵过程中没有腐败菌活动，但甲醛异味大，影响适口性。

(5) 添加乳酸菌青贮。加乳酸菌培养物制成的发酵剂或由乳酸菌和酵母培养制成的混合发酵剂青贮，可以促进青贮料中乳酸菌的繁殖，抑制其他有害微生物的作用，这是人工扩大青贮原料中乳酸菌群体的方法。值得注意的是，菌种应选择那些盛产乳酸而不产生乙酸和乙醇的同质型乳酸杆菌和球菌。一般每1 000千克青贮料中加乳酸菌培养物 0.5 升或乳酸菌制剂 450 克，每克青贮原料中加乳酸杆菌 10 万个左右。

(6) 添加酶制剂青贮。在青贮原料中添加以淀粉酶、糊精酶、纤维素酶、半纤维素酶等为主的酶制剂，可使青贮料中部分多糖水解成单糖，有利于乳酸发酵。酶制剂由胜曲霉、黑曲霉、米曲霉等培养物浓缩而成，按青贮原料质量的 0.01%～0.25%添加，不仅能保持青饲料特性，而且可以减少养分的损失，提高青贮料的营养价值。豆科牧草苜蓿、红三叶添加 0.25%黑曲霉制剂青贮，与普通青贮料相比，纤维素减少 10.0%～14.4%，半纤维素减少 22.8%～44.0%，果胶减少 29.1%～36.4%。如酶制剂添加量增加到 0.5%，则含糖量可高达 2.48%，蛋白质提高 26.7%～29.2%。

(7) 湿谷物的青贮。用作饲料的谷物如玉米、高粱、大麦和燕麦等，收获后带湿贮存在密封的青贮塔或水泥窖内，经过轻度发酵产生一定量的（0.2%～0.9%）有机酸（主要是乳酸和醋酸），以抑制霉菌和细菌的繁殖，使谷物得以保存。此法贮存谷物，青贮塔或窖一定要密封不透气，谷物最好压扁或轧碎，可以更好地排出空气，降低养分损失，并利于饲喂。整个青贮过程要求从收获至贮存1天内完成，迅速造成窖内的厌氧条件，限制呼吸作用和好气性微生物繁殖。青贮谷物的养分损失，在良好条件下为2%～4%，一般条件下可达5%～10%。用湿贮谷物喂乳牛、肉牛、猪，增重和饲料报酬按干物质计算，基本和干贮玉米相近。

二、青贮饲料的质量及利用

青贮饲料的品质好坏与青贮原料种类、刈割时期以及调制方法是否正确密切相关。用优良的青贮饲料饲喂畜禽，可以获得良好的饲养效果。青贮料在取用之前，需先进行感官鉴定，必要时再进行化学分析鉴定，以保证使用良好的青贮饲料饲喂家畜。

（一）营养物质变化

1. 蛋白质的变化 正在生长的饲料作物，总氮中有75%～90%的氮以蛋白氮的形式存在。收获后，植物蛋白酶会迅速将蛋白质水解为氨基酸，在12～24小时内，总氮中有20%～25%被转化为非蛋白氮。青贮饲料中蛋白质的变化，与pH的高低有密切关系，当pH小于4.2时，蛋白质因植物细胞酶的作用，部分蛋白质分解为氨基酸，且较稳定，并不造成损失。但当pH大于4.2时，由于腐败菌的活动，氨基酸便分解成氨、胺等非蛋白氮，使蛋白质受到损失。

2. 碳水化合物的变化 在青贮发酵过程中，由于各种微生物和植物本身酶体系的作用，使青贮原料发生一系列生物化学变化，引起营养物质的变化和损失。在青贮的饲料中，只要有氧存在，且pH不发生急剧变化，植物呼吸酶就有活性，青贮作物中的水溶性碳水化合物就会被氧化为二氧化碳和水。在正常青贮时，原料中水溶性碳水化合物，如葡萄糖和果糖，发酵成为乳酸和其他产物。另外，部分多糖也能被微生物发酵作用转化有机酸，但纤维素仍然保持不变，半纤维素有少部分水解，生成的戊糖可发酵生成乳酸。

3. 维生素和色素的变化 青贮期间最明显的变化是饲料的颜色。由于有机酸对叶绿素的作用，使其成为脱镁叶绿素，从而导致青贮料变为黄绿色。青贮料颜色的变化，通常在装贮后3～7天内发生。窖壁和表面青贮料常呈黑褐色。青贮温度过高时，青贮料也呈黑色，不能利用。

维生素A前体物β-胡萝卜素的破坏与温度和氧化的程度有关。二者值均高时，β-胡萝卜素损失较多。但贮存较好的青贮料，胡萝卜素的损失一般低于30%。

（二）养分损失

1. 田间损失 刈割和青贮在同一天进行时，养分的损失极微，即使萎蔫期超过了24小时，损失的养分也不足干物质的1%或2%。萎蔫期超过48小时，则养分的损失较大，其程度取决于当地的气候状况。据报道，在田间萎蔫5天后，干物质的损失达6%。受萎蔫期影响的主要养分是水溶性碳水化合物和易被水解为氨基酸的蛋白质。

2. 氧化损失 养分的氧化损失是由于植物和微生物的酶在有氧条件下对基质如糖的作用生成CO_2和水而引起的。在迅速填满并密封的青贮窖内，植物组织中的存氧无关紧要，它引起的干物质损失仅1%左右。持续暴露在有氧环境中的青贮作物，如青贮窖边角和上层的青贮物，会形成不可食用的堆肥样干物质，在其形成过程中已有75%以上的干物质损失掉。

3. 发酵损失 在青贮过程中发生了许多化学变化，特别是可溶性碳水化合物和蛋白质变化较大，但总干物质和能量损失却并未因乳酸菌的活动而有大的提高。一般认为，干物质的损失不会超过5%，而总能的损失则更少，这是因为形成了诸如己醇之类的高能化合物。在梭菌发酵中，由于产生了气体 CO_2、H_2 和 NH_3，养分的损失高于乳酸发酵。

4. 流出液损失　许多青贮窖可自由排水，这些液体或青贮流出液带走了可溶性养分。对于含水量 85%的牧草，青贮流出物的干物质损失可达 10%，但将作物萎蔫至含水量 70%左右时，产生的流出液极少。

（三）营养价值改变

由于青贮饲料在青贮过程中化学变化复杂，它的化学成分与营养价值与原料相比，有许多方面是有区别的。

1. 化学成分　青贮料干物质中各种化学成分与原料有很大差别。从表 6-8 可以看出，从常规分析成分看，黑麦草青草与其青贮料没有明显差别，但从其组成的化学成分看，青贮料与其原料相比，则差别很大。青贮料中粗蛋白质主要由非蛋白氮组成。而无氮浸出物中，青贮料中糖分极少，乳酸与醋酸则相当多。虽然这些非蛋白氮（主要是游离氨基酸）与脂肪酸使青贮料在饲喂性质上比青饲料发生了改变，但对动物营养价值还是比较高的。

2. 营养物质的消化利用　从常规分析成分的消化率看，各种有机物质的消化率在原料和青贮料之间非常相近，两者无明显差别，因此它们的能量价值也是近似的。据测定，青草与其青贮料的代谢能分别为 10.46 兆焦/千克和 10.42 兆焦/千克，两者非常相近。由此可见，可以根据青贮原料当时的营养价值来考虑青贮料。多年生黑麦草青贮前后营养价值见表 6-9。

表 6-8　黑麦草与它的青贮料的化学成分比较（以干物质为基础）

名　称	黑麦草青草		黑麦草青贮	
	含量（%）	消化率（%）	含量（%）	消化率（%）
有机物质	89.8	77	88.3	75

（续）

名　称	黑麦草青草		黑麦草青贮	
	含量（%）	消化率（%）	含量（%）	消化率（%）
粗蛋白质	18.7	78	18.7	76
粗脂肪	3.5	64	4.8	72
粗纤维	23.6	78	25.7	78
无氮浸出物	44.1	78	39.1	72
蛋白氮	2.66	—	0.91	—
非蛋白氮	0.34	—	2.08	—
挥发氮	0	—	0.21	—
糖类	9.5	—	2.0	—
聚果糖类	5.6	—	0.1	—
半纤维素	15.9	—	13.7	—
纤维素	24.9	—	26.8	—
木质素	8.3	—	6.2	—

表 6-9　多年生黑麦草青贮前后营养价值的比较

名　称	黑麦草	乳酸青贮	半干青贮
pH	6.1	3.9	4.2
干物质（克/千克）	175	186	316
乳酸（克/千克干物质）	—	102	59
水溶性糖（克/千克干物质）	140	10	47
干物质消化率	0.784	0.794	0.752
总能（兆焦/千克干物质）	18.5	—	18.7
代谢能（兆焦/千克干物质）	11.6	—	11.4

资料来源：赵义斌译《动物营养学》(1992)。

青贮料同其原料相比，蛋白质的消化率相近，但是它们被用于增加动物体内氮素的沉积效率则往往低于原料。其主要原因是由大量青贮料组成的饲粮，在反刍动物瘤胃中往往产生相当大量的氨，这些氨被吸收后，相当一部分以尿素形式从尿中排出。因此，为了提高青贮料对氮素的作用，可以按照反刍动物应用尿素等非蛋白氮的办法，在饲粮中增加玉米等谷实类富含碳水化合物的比例，可获得较好的效果。如果由半干青贮或甲醛保存的青贮料来组成饲料，则氮素沉积的水平提高。常见青贮料的营养价值见表 6-10。

表 6-10　常见青贮饲料的营养价值

饲　料	干物质（%）	产奶净能（兆焦/千克）	奶牛能量单位（兆焦/千克）	粗蛋白（%）	粗纤维（%）	钙（%）	磷（%）
青贮玉米	29.2	5.02	1.60	5.5	31.5	0.31	0.27
青贮苜蓿	33.7	4.82	1.53	15.7	38.4	1.48	0.30
青贮甘薯藤	33.1	4.48	1.43	6.0	18.4	1.39	0.45
青贮甜菜叶	37.5	5.78	1.84	12.3	19.4	1.04	0.26
青贮胡萝卜	23.6	5.90	1.88	8.9	18.6	1.06	0.13

3. 动物对青贮的随意采食量　许多试验指出，动物对青贮料的随意采食量干物质比其原料和同源干草都要低些。其原因可能受如下一些因素影响：

（1）青贮酸度。青贮料中的游离酸的浓度过高会抑制家畜对青贮料的随意采食量。用碳酸氢钠部分中和后，可能提高青贮料的采食量。游离酸对采食量的影响可能有 2 个原因：一是在瘤胃中酸度增加，二是体液酸碱平衡的紧张所致。

（2）酪酸菌发酵。有试验证明，动物对青贮料的采食量与其中含有的醋酸，总挥发性脂肪酸含量与氨的浓度呈显著的负相关，而这些往往与酪酸发酵相联系。对不良的青贮，家畜采食往往较少。

（3）青贮料中干物质含量。一般青贮料品质良好，而且含干物质较多者家畜的随意采食量较多，可以接近采食干草的干物质量。因此，青贮良好的半干青贮料效果良好。半干青贮料中发酵程度低，酪酸发酵也少，故适口性增加。

（四）青贮的品质鉴定

青贮料品质的优劣与青贮原料种类、刈割时期以及青贮技术等密切相关。正确青贮，一般经 17～21 天的乳酸发酵，即可开窖取用。通过品质鉴定，可以检查青贮技术是否正确以及判断青贮料营养价值的高低。

1. 感官评定 开启青贮容器时，从青贮饲料的色泽、气味和质地等进行感官评定，见表 6-11。

表 6-11 青贮饲料的品质评定

等级	颜 色	气 味	结构质地
优良	绿色或黄绿色	芳香酒酸味	茎叶明显，结构良好
中等	黄褐或暗绿色	有刺鼻酸味	茎叶部分保持原状
低劣	黑色	腐臭味或霉味	腐烂，污泥状

（1）色泽。优质的青贮饲料非常接近于作物原先的颜色。若青贮前作物为绿色，青贮后仍为绿色或黄绿色最佳。青贮器内原料发酵的温度是影响青贮饲料色泽的主要因素，温度越低，青贮饲料就越接近于原先的颜色。对于禾本科牧草，温度高于 30℃，颜色变成深黄；当温度为 45～60℃，颜色近于棕色；超过 60℃，由于糖分焦化近乎黑色。一般来说，品质优良的青贮饲料颜色呈黄绿色或青绿色，中等的为黄褐色或暗绿色，劣等的为褐色或黑色。

（2）气味。品质优良的青贮料具有轻微的酸味和水果香味。若有刺鼻的酸味，则醋酸较多，品质较次。腐烂腐败并有臭味的则为劣等，不宜喂家畜。总之，芳香而喜闻者为上等，刺鼻者为中等，臭而难闻者为劣等。

（3）质地。植物的茎叶等结构应当能清晰辨认，结构破坏及呈黏滑状态是青贮腐败的标志，黏度越大，表示腐败程度越高。优良的青贮饲料，在窖内压得非常紧实，但拿起时松散柔软，略湿润，不黏手，茎叶花保持原状，容易分离。中等青贮饲料茎叶部分保持原状，柔软，水分稍多。劣等的结成一团，腐烂发黏，分不清原有结构。

2. 化学鉴定 用化学分析测定包括 pH、氨态氮和有机酸

（乙酸、丙酸、丁酸、乳酸的总量和构成）可以判断发酵情况。

（1）pH（酸碱度）。pH是衡量青贮饲料品质好坏的重要指标之一。实验室测定pH，可用精密雷磁酸度计测定，生产现场可用精密石蕊试纸测定。优良青贮饲料pH在4.2以下，超过4.2（低水分青贮除外）说明青贮发酵过程中，腐败菌、酪酸菌等活动较为强烈。劣质青贮饲料pH在5.5～6.0之间，中等青贮饲料的pH介于优良与劣等之间。

（2）氨态氮。氨态氮与总氮的比值是反映青贮饲料中蛋白质及氨基酸分解的程度，比值越大，说明蛋白质分解越多，青贮质量不佳。

（3）有机酸含量。有机酸总量及其构成可以反映青贮发酵过程的好坏，其中最重要的是乳酸、乙酸和丁酸，乳酸所占比例越大越好。优良的青贮饲料，含有较多的乳酸和少量醋酸，而不含酪酸。品质差的青贮饲料，含酪酸多而乳酸少。见表6-12。

表6-12　不同青贮饲料中各种酸含量

等级	pH	乳酸	醋酸		丁酸	
			游离	结合	游离	结合
良好	4.0～4.2	1.2～1.5	0.7～0.8	0.1～0.15	—	—
中等	4.6～4.8	0.5～0.6	0.4～0.5	0.2～0.3	—	0.1～0.2
低劣	5.5～6.0	0.1～0.2	0.1～0.15	0.05～0.1	0.2～0.3	0.8～1.0

（五）青贮饲料的利用

1. 取用方法　贮藏过程进入稳定阶段，一般糖含量较高的玉米秸秆等经过一个月即可发酵成熟，可打开青贮池（塔）取用，或待冬春季节饲喂奶牛。

开池取用时，如发现表层呈黑褐色并有腐败臭味时，应把表层弃掉。对于直径较小的圆形池，应由上到下逐层以用，保持表面平整。对于长方形窖，自一端开始分段取用，不要挖窝掏取，取后最好覆盖，以尽量减少与空气的接触面。每次用多少取多少，不能一次取大量青贮料堆放在畜舍慢慢饲用，要用新鲜青贮料。青贮料只有在厌氧条件下，才能保持良好品质，如果堆放在奶牛舍里和空气接触，就会很快感染霉菌和其他菌类，使青贮料迅速变质。尤其是夏季，正是各种细菌繁殖最旺盛的时候，青贮料也最易霉坏。

2. 饲喂技术 青贮饲料可以作为草食家畜牛羊的主要粗饲料，一般占饲粮干物质的50%以下。刚开始喂时家畜不喜食，喂量应由少到多，逐渐适应后即可习惯采食。喂青贮料后，仍需喂精料和干草。训练方法是，先空腹饲喂青贮料，再饲喂其他草料；先将青贮料拌入精料喂，再喂其他草料；先少喂后逐渐增加；或将青贮料与其他料拌在一起饲喂。由于青贮饲料含有大量有机酸，具有轻泻作用，因此奶牛妊娠后期不宜多喂，产前15天停喂。劣质的青贮饲料有害牛体健康，易造成流产，不能饲喂。冰冻的青贮饲料也易引起母牛流产，应待冰融化后再喂。

成年牛每100千克体重日喂青贮量（千克）：泌乳牛5～7千克，肥育牛4～5千克，役牛4～4.5千克，种公牛1.5～2.0千克。

第七章

常见中草药的利用

我国使用中草药饲养畜禽的历史源远流长。早在公元前2世纪，就有“麻盐肥豚系法”的记载：“取麻子三升，捣千余待，煮为羹，以盐一升着中，和以植三科，饲豚，则肥也”（《淮南子·万毕术》）；《神农本草》也载有“样叶喂猪，大三倍”之述；明代李时珍《本草纲目》中写道：“乌药，治猫、犬百病，并可磨眼”，“钩藤，人数寸于小麦中，蒸熟，喂马易肥”；清代赵学敏所撰《串雅》记载：“鸡瘦，土硫磺研细，拌食，则肥”；张宗法所著《三农纪》载有猪催肥法云：“买贯众三斤，苍术四两，芝麻一升，黄豆一斗，炒熟，共求，和慷饲”等。其调制与用法具有饲料营养与制剂的科学性，说明我国自古就懂得研究中草药饲料添加剂的使用技术。

中草药饲料添加剂含有多种氨基酸、维生素和微量元素等物质，具有来源天然、功能多样、安全可靠和经济环保等特点，其作用主要表现在防病保健、提高动物生产性能、改善动物产品质量和改善饲料品质等方面。防病保健作用主要表现在增强免疫、抑菌驱虫和调整功能等方面；提高动物生产性能主要表现在促进生长、催肥增重和促进生殖等方面；改善动物产品质量主要表现在改善肉质、改善皮毛等方面；改善饲料品质主要表现在许多中草药添加剂具有补充营养、增香除臭和防霉防腐等作用，从而改善饲料营养、刺激动物食欲以及延长饲料的保质期限等。本章简单介绍以上几类中草药在奶牛养殖中的应用。

一、中草药饲料添加剂

（一）中草药饲料添加剂的概念及组成

中草药饲料添加剂是以中草药为原料制成的饲料添加剂，虽然有些学者将其归入非营养性饲料添加剂，然而，由于中药既是药物又是天然产物，含有多种有效成分，基本具有饲料添加剂的所有作用，可作为独立的一类饲料添加剂，毛皮动物在野生状态下会自由采食含中药的植物。我国应用中草药作为饲料添加剂具有悠久的历史，早在2 000多年前就开始用来促进动物生长、增重和防治疾病。

（二）中草药饲料添加剂的作用

中草药添加剂的作用主要表现在防病保健、提高动物生产性能、改善动物产品质量和改善饲料品质等方面。防病保健作用主要表现在增强免疫、抑菌驱虫和调整功能等方面；提高动物生产性能主要表现在促进生长、催肥增重和促进生殖等方面；改善动物产品质量主要表现在改善肉质、改善皮毛等方面；改善饲料品质主要表现在许多中草药添加剂具有补充营养、增香除臭和防霉防腐等作用，从而改善饲料营养、刺激动物食欲以及延长饲料的保质期限等。

（三）中草药饲料添加剂的特点

1. 来源天然性　中药来源于动物、植物、矿物及其产品，本身就是地球和生物机体的组成部分，保持了各种成分结构的自然状态和生物活性，同时又经过长期实践检验对人和动物有益无害，并且在应用之前经过科学炮制去除有害部分，保持纯净的天然性。这一特点也为中药饲料添加剂的来源广泛性、经济简便性和安全可靠性奠定了基础。

2. 功能多样性　中药均具有营养和药物的双重作用。现代研究表明，中药含有多种成分，包括多糖、生物碱和苷类等，少则数种、数十种，多则上百种，按现代“构效关系”理论，其多能性显而易见。中药除含有机体所需的营养成分之外，作为饲料添加剂应用时，是按照中国传统医药理论进行合理组合，使物质作用相协同，并使之产生全方位的协调作用和对机体有利因子的整体调动作用，最终达到提高动物生产的效果。这是化学合成物所不可比拟的。

3. 安全可靠性　长期以来，化学药品、抗生素和激素的毒副作用和耐药性使医学专家伤透了脑筋，尤其是容易引起动物产品药物残留，这已成为一个全社会关注的问题。中药的毒副作用小，无耐药性，不易在肉、蛋、奶等畜产品中产生有害残留，是中药添加剂的一个独特优势。这一优势，顺应了时代潮流，满足了人们回归自然、追求绿色食品的愿望。

4. 经济环保性　抗生素及化学合成类药物添加剂的生产工艺特别复杂，有些生产成本很高，并可能带来“三废”污染。中药源于大自然，除少数人工种植外，大多数为野生，来源广泛，成本低廉。中药饲料添加剂的制备工艺相对简单，生产不污染环境，而且产品本身就是天然有机物，各种化学结构和生物活性稳定，储运方便，不易变质。

（四）中草药饲料添加剂的作用机理

1. 防病治病　中药饲料添加剂对畜禽防治疾病的作用，可以健脾开胃，补气活血，增强机体免疫功能，促进新陈代谢，达到防病治病。若病已发生，则必须清热解毒，清热燥湿，提高免疫力，达到治愈疾病的目的。有关研究和验证表明，对细菌性传染病、病毒性传染病、寄生虫病及其他疾病都具有较好的作用。目前常用的药物主要有：黄芩、大黄、黄连、黄花、黄柏、金银花、连翘、金荞麦、板蓝根、大青叶、蒲公英、藿香、柴胡、白头翁、穿心莲、苦参、苍术、山豆根、贝母、紫菀、知母、甘草、石膏、杜仲、常山和马齿苋等。

2. 保健促生长作用 如使用松针、泡桐叶、党参叶及艾叶等一味制成粉拌入饲料，能促进生长、增加产量。经分析，均含有较丰富的氨基酸、维生素和微量元素，故称为营养性添加剂。如松针含有18种氨基酸、维生素A、维生素B_1、维生素B_2、维生素E、维生素K、维生素C和微量元素。党参茎叶也含有18种氨基酸、12种无机元素和活性物质，艾叶等兼有营养和防病促生长的功能。如用3%泡桐叶干粉拌饲料喂雏鸡，4周后的结果，试验组比对照组提高日增重5.1%～6.4%，饲料报酬提高5.5%～6.19%。

3. 无副作用，无耐药性 中药大多数是自然生长的植物，无污染。不少中草药又属于人类食品和畜禽饲料，因药食同源，长期临床应用实践证明，极少出现危害人畜安全的毒副作用。中药饲料添加剂多为复合作用，而且应用都是复方制剂。现代医学研究证明，中药饲料添加剂是一种畜禽免疫增强剂。其主要药理作用是：能扩张血管，增加血流量，改善微循环，兴奋神经系统，加快机体新陈代谢过程，刺激机体造血机能，促进细胞新生，增加血红蛋白及红细胞总数，加快机体获得营养物质的速度，增加白细胞总数，提高机体免疫球蛋白的含量及HI效价，从而增强自身免疫功能，提高抗病能力和饲料利用率及其生产性能。而其防治疾病的作用原理是因其药物成分，从核糖核酸、脱氧核糖核酸及能量代谢过程等各个环节上来干扰和破坏病原微生物的代谢功能，而产生较强的抑杀病原体的作用，故不易产生耐药性和残留。

二、中草药添加剂在奶牛生产中的应用

（一）中草药对奶牛的乳房炎的治疗

乳房炎是奶牛常见的疾病之一，是一种多因素疾病。奶牛乳

房炎造成的损失约 70%是隐性乳房炎引起的，我国每年因隐性乳房炎造成的损失约 1.35 亿元，美国每年大约损失为 20 亿美元。目前，国内外学者针对乳房炎发病规律、临床特点和生理、病理组织学特点，采用了不少防治措施。隐性乳房炎会发生由肉眼无法可见的变化，却是引起奶牛乳房炎的主要因素。中草药的抑菌机理不同于抗生素，抗生素是直接作用于细菌而将其杀死的。由于其大量单纯长期连续使用，病原微生物易产生抗药性。而中草药则通过“扶正祛邪”调理作用，恢复机体正常的生理状态。以中草药中的多种成分，干扰病原微生物代谢而抑制或杀灭。

1. 中草药添加剂对奶牛乳房炎有治疗作用　目前，国内外应用抗生素和抗菌素药物进行治疗虽然效果良好，但造成了抗生素在牛奶中的残留长期饮用对人体造成伤害。在用中草药作为添加剂预防奶牛乳房炎的过程中已经开发出多种方剂。安徽有人研究：用由党参、当归、黄芪和白芍等组成的“增乳散”每日一次，每次 180 克连喂 21 天，增乳作用明显，且给药组隐性乳房炎检出率比对照组降低 24.23%，选用当归、川芎、芍药、黄芪、蒲公英、丹参和益母草等中草药，配制成饲料添加剂饲喂患隐性乳房炎的乳牛，检测乳牛淋巴细胞刺激指数和中性粒细胞吞噬力的变化，结果表明，该中草药添加剂可显著提高淋巴细胞的杀菌率和中性粒细胞吞噬力，并能明显降低乳牛隐性乳房炎的发病率。试验用黄芪、川芎、蒲公英和当归等 10 味中草药组成的催乳保健散作为添加剂均匀拌在精料中，任牛自由采食，每日每头分 3 次添加，每日每头牛的添加量为 180 克。结果发现，试验组的隐性乳房炎的检出率较用药前低 13%，而对照组在同一时期却上升了 5%，并存在极显著的差异。用松针、益母草、谷芽、白术、山楂、党参、黄芪、茯苓、当归、甘草和微量亚硒酸钠等组成的奶牛二号中药添加剂拌在精料中，每头 100 克。结果发现，乳房炎发病指数给药组显著低于对照组，说明该添加剂对防治乳房炎有明显的作用。

2. 中草药药浴对奶牛乳房炎有预防作用 乳头药浴是控制奶牛乳房炎的主要措施之一，可在一定程度上可以减少环境微生物的感染。为防止乳房及乳头在挤奶前被病原微生物污染，挤奶前应给予乳头药浴，可选用鱼腥草、红花和明矾组成的中药乳头消毒剂进行药浴，对乳头进行浸泡，一般为 30 分钟，再用毛巾擦干。乳头皮肤无汗腺和皮脂腺，且容易龟裂，给病原微生物侵入提供机会，在挤奶后乳头管括约肌松弛，15 秒后才能关闭乳头，此时极易受到病原微生物的侵袭，因此挤奶后乳头药浴是需要的。也可使用上述中药乳头消毒剂进行药浴，使消毒液在乳头上形成一层保护膜，临产期每日 2 次药浴，泌乳期每日 3 次药浴，停奶期每日 1 次药浴，持续一个泌乳期，这样可大大减少乳房炎的发生率。

（二）中草药对奶牛的机体免疫力的作用

机体的免疫系统包括非特异性免疫和特异性免疫，特异性免疫包括 T 淋巴细胞参与的细胞免疫和 B 淋巴细胞参与的体液免疫两种形式。体内的 B 淋巴细胞受到抗原刺激后，增殖变成浆细胞，浆细胞分泌产生抗体，随血液分布于体液当中，和再次入侵的特异抗原发生抗原抗体反应，消灭进入体内的异己抗原物质。而血清球蛋白就是主要由浆细胞分泌产生的抗体物质，研究表明应用中药饲料添加剂后，奶牛血清球蛋白水平显著升高，表明该饲料添加剂可以提高奶牛体液免疫，提高机体的抵抗力。

1. 中药饲料添加剂对血液白细胞总数及分类计数的影响 大量研究表明，许多中药如党参、人参、黄芪、当归、白术、金银花和淫羊藿等中药均能提高血液中白细胞数量及嗜中性粒细胞、淋巴细胞、单核细胞的数量，从而提高机体的免疫力。试验研究结果表明，中药饲料添加剂可以显著提高血液中白细胞数量及单核细胞的数量，虽然淋巴细胞、中性白细胞比例没有明显增加，但由于血液白细胞总数增加，因而提高了血液中淋巴细胞、中性白细胞的绝对数量，从而提高机体的免疫力。

2. 中药饲料添加剂对奶牛淋巴细胞转化率的影响 根据淋巴细胞的转化作用，反映身体的细胞免疫水平。淋巴细胞转化试验，能反映机体的细胞免疫状态，是机体细胞免疫功能的主要指标之一，可测定有免疫活性的淋巴细胞。大量试验研究表明，许多中药如党参、黄芪、白术等及其复方制剂能显著提高机体淋巴细胞转化率，提高机体的细胞免疫水平。选用的中药饲料添加剂能显著提高奶牛的淋巴细胞转化率，增强机体免疫力，与对照组相比，差异极显著。

3. 中药饲料添加剂对奶牛中性粒细胞吞噬率的影响 研究表明，许多中药如党参、人参、黄芪、当归、白术、金银花和淫羊藿等中药均能提高血液中白细胞数量及嗜中性粒细胞、淋巴细胞、单核细胞的数量，从而提高机体的免疫力。试验研究结果表明，中药饲料添加剂可以显著提高血液中白细胞数量及单核细胞的数量，虽然淋巴细胞、中性白细胞比例没有明显增加，但由于血液白细胞总数增加，因而提高了血液中淋巴细胞、中性白细胞的绝对数量，从而提高机体的免疫力。研究表明，许多中药能够提高机体中性白细胞的吞噬率，由党参、黄芪等中药组成的中药饲料添加剂可以显著提高奶牛的中性细胞吞噬率。

4. 缓解奶牛的热应激和产奶的作用 奶牛耐寒怕热，受环境温度影响很大，高温条件下，奶牛容易发生热应激反应，引起采食量和产奶量的下降。繁殖能力降低发病率增加。一些具有清热解暑，凉血解毒作用的中草药兼有药物和营养物质双重作用。可以全面协调生理功能，增强奶牛对高温适应性，增加营养物化消化吸收利用，改善免疫机能，缓解热应激反应。奶牛精料中各添加 0.5%甘草和板蓝根预防奶牛夏季综合征，结果发病率下降，情期受胎率保持在 70%以上。板蓝根、黄芩、白芍、党参、淡竹叶和甘草等药按比例配制的中草药具有抗热应激作用，日均每日每头产乳增加 1.5 千克，血糖浓度显著提高。牛奶成分没有显著变化。夏季高温期奶牛粗粮中分别添加 1.0%的中草药山楂、当归、王不留行、通草、黄芩、当参等药和 1.35%吡啶羧酸铬每头产奶量比以前提高 16.97%和 15.39%。有肛温和呼吸显著下降而对思量采食量、奶料比、乳脂、乳蛋白、乳干物质含量血清尿素葡萄糖、甘油三酯含量没影响。认为“乳汁乃气血化生而来”添加药多为补气养血、健脾助胃和通经活络药物为主，具有显著的催奶作用奶牛产后常发气亏血虚，故提高泌乳量的关键在于益气补血，健脾助胃。此外，奶牛在产后初期处于营养负平衡状态，需要大量营养，却没有相应的消化吸收机能。中草药富含奶牛生长发育所必需的蛋白质、氨基酸、维生素和微量元素，能够增加食欲，促进蛋白质和酶的合成，增强消化吸收功能和机体代谢，改善奶牛产后营养负平衡，提高生产性能。添加的药物多以补气养血、健脾助胃、通经活络药物为主，具有显著的催乳作用。在奶牛泌乳早期添加中草药添加剂（含党参、当归等 12 味中药）可以明显提高奶牛产乳，改善乳汁成分。孙晓萍等实验用研制加工的中草药饲料添加剂加入奶牛饲料中饲喂奶牛，一个多月的试验表明：该饲料添加剂饲喂奶牛后有明显的增加产乳量效果，产奶量提高 12.67%～17.26%，同时改善了牛奶的品质。使用该饲料添加剂对奶牛还具有保胎、驱虫和防病等作用，对饲料还可防止其霉变。

（三）中草药可以提高奶牛的饲料转换率

处于产奶高峰期的奶牛对饲料水平要求很高，并且直接影响奶牛的经济效益。中草药添加剂有助于奶牛的生长提高奶牛的生产性能和饲料转换利用率。中草药中富含丰富维生素、矿物质微量元素和氨基酸等营养物质可以补充饲料成分的不足。中草药添加剂被公认为是一种新型饲料添加剂。作为中草药添加剂的某些药物，利用自身的香味刺激奶牛的嗅觉和味觉从而刺激奶牛的食欲，增强胃液分泌和增加胃肠蠕动，促进消化道对营养物质的吸收利用而转化为人们所需的牛奶。

（四）中草药饲料添加剂在奶牛生产中的应用前景

随着我国畜牧业由传统粗放型向现代化集约型生产经营的转变以及随着经济的发展、人民生活水平的日益提高对动物性食品品质的要求也越来越高。中草药兼有营养和药用双重作用，可直接杀灭细菌，抑制细菌的生长，抗病毒，增强动物机体免疫力，促进营养物质消化吸收以及增加饲料转化率等功能，并且在动物机体内无残留、无耐药性，在未来添加剂中将占主导地位，也是发展的必然趋势。

三、常见中草药

（一）薄荷

1. 基本介绍 薄荷，别名蕃荷菜、南薄荷、猫儿薄荷、野薄荷、升阳菜薄荷、蔆荷、夜息药、仁丹草、见肿消、水益母、接骨草、土薄荷、鱼香草和香薷草。多年生草本植物，多生于山野湿地河旁，根茎横生地下。全株气味芳香，叶对生，花小淡紫色，唇形，花后结暗紫棕色的小粒果（图 7-1）。

2. 形态特征 多年生草本，茎直立，高 30～60 厘米，下部

图 7-1 薄 荷

数节具纤细的须根及水平匍匐根状茎，锐四棱形，具四槽，上部被倒向微柔毛，下部仅沿棱上被微柔毛，多分枝。叶片长圆状披针形，长3～5（7）厘米，宽0.8～3厘米，先端锐尖，基部楔形至近圆形，边缘在基部以上疏生粗大的牙齿状锯齿，侧脉5～6对，与中肋在上面微凹陷下面显著，上面绿色；沿脉上密生余部疏生微柔毛，或除脉外余部近于无毛，上面淡绿色，通常沿脉上密生微柔毛；叶柄长2～10毫米，腹凹背凸，被微柔毛。轮伞花序腋生，轮廓球形，花时径约18毫米，具梗或无梗，具梗时梗可长达3毫米，被微柔毛；花梗纤细，长2.5毫米，被微柔毛或近于无毛。花萼管状钟形，长约2.5毫米，外被微柔毛及腺点，内面无毛，10脉，不明显，萼齿5，狭三角状钻形，先端长锐尖，长1毫米。花冠淡紫，长4毫米，外面略被微柔毛，内面在喉部以下被微柔毛，冠檐4裂，上裂片先端2裂，较大，其余3裂片近等大，长圆形，先端钝。雄蕊4，前对较长，长约5毫米，均伸出花冠之外，花丝丝状，无毛，花药卵圆形，2室，室平行。花柱略超出雄蕊，先端近相等2浅裂，裂片钻形。花盘平顶。小坚果卵珠形，黄褐色，具小腺窝。

（1）根部　具有真正吸收作用的是着生在地上部直立茎入土部分和地下根茎节上的数量众多的须根，这些根系入土深度30厘米左右，而以表土层15～20厘米左右最为集中；另外，在株间湿度较大的情况下，在地上部直立茎的基部节上和节间也会长出许多气生根，这种气生根在天气干燥的情况下，会自行枯死，故对薄荷的生长发育几乎不起作用。

（2）茎部　地上茎。薄荷的地上茎又可分为两种，一种叫直立茎，方形，颜色因品种而异，有青色与紫色之分。它的主要作用是着生叶片，产生分枝，并把根和叶联系起来，把根系从土壤中吸收的水分和养分输送到叶片，同时把叶片的光合作用产物运至根部的输导通道，其上有节和节间，节上着生叶片，叶腋内长出分枝。茎的表面虽也有少量油腺，但精油含量极微（茎秆鲜品出油率为0.001%～0.004%)。另一种叫匍匐茎，它是由地上部直立茎基部节上的芽萌发后横向生长而成，其上也有节和节间，每个节上都有两个对生的芽鳞片和潜伏芽，匍匐于地面而生长，有时其顶端也钻入土中继续生长一段时间后，顶芽复又钻出土面萌发成新苗；也有的匍匐茎顶芽直接萌发展叶并向上生长成为分枝。匍匐茎的颜色、数量、长度和粗细，常因品种和生长条件的不同而变化。

地下茎。又称地下根茎，外形如根，故习惯上常称为种根。通常当地上部直立茎生长至一定（8个节左右）高度时，在土壤浅层的茎基部开始长出根茎，随后逐渐生长增多。第一次收割后，这些地下根茎在水分适合的条件下又萌发出苗（即二刀苗），生长至一定阶段又再长出新的种根，即成为秋播时的材料。地下根茎上也有节和节间，节上长出须根，每一个节上也有两个对生的芽鳞片和潜伏芽，水平分布的范围可达30厘米左右，垂直入土深度较小，大部分集中在土壤表层10厘米左右的范围内。

叶片。薄荷的叶片是以对生的方式着生在茎节上。叶片的形状、颜色、厚度以及叶面状况、叶缘锯齿的密度等因品种、生长时期、生长条件之不同而有变化。一般说来，叶片的形状有卵圆、椭圆形等；叶色有绿色、暗绿色和灰绿色等。

分枝。薄荷的分枝是从主茎叶腋内的潜伏芽长出来的，其上也着生对生叶片。不同品种的分枝能力是不同的，同时，分枝数、分枝长度、分枝节位等又与田间群体密度和培管措施有关。一般说来，随着田间群体密度的增高，单株分枝数随之减少，分枝节位随之上升。

花种。薄荷的花朵较小。花萼基部联合成钟形，上部有5个三角形齿；花冠为淡红色、淡紫色或乳白色，四裂片基部联合；正常花朵有雄蕊4枚（有的品种雄蕊不露或仅留痕迹），着生在花冠壁上；雌蕊一枚，花柱顶端二裂，伸出花冠外面。正常花

（即雌、雄蕊俱全）的花朵较大，雄蕊不露或仅留痕迹的，花朵较小。在自然生长情况下，每年开花一次。而在人工栽培条件下，一年一般收割两次，开花两次（有的品种和某些地区例外），花期因品种和地区而异。一天中的开花高峰期，常随气候条件而变化。若天气晴朗，一般在上午 6～9 时，阴天或雨天向后推迟，下午停止开放。薄荷自花授粉一般不能结实，必须靠风或昆虫进行异花传粉方能结实。通常自现蕾至开花需 10～15 天，一朵花自开放至种子成熟需 20 天左右。结实率高低因品种和环境条件而异。一朵花最多能结 4 粒种子，贮于钟形花萼内。果实为小坚果，长圆状卵形，种子很小，淡褐色，万粒重仅 1 克左右，每斤种子可达到 500 万粒左右。

3. 产地分布 薄荷产自于全球南北各地；生于水旁潮湿地，海拔可高达3 500米。热带亚洲、前苏联远东地区、朝鲜、日本及北美洲（南达墨西哥）也有。模式标本采自斯里兰卡。

主要产地为美国、西班牙、意大利、法国、英国和巴尔干半岛等，而我国大部分地方如四川、云南、江苏、浙江和江西等都有出产。

4. 药用价值 薄荷含有薄荷醇，该物质可清新口气并具有多种药性，可缓解腹痛、胆囊问题如痉挛，还具有防腐杀菌、利尿、化痰、健胃和助消化等功效。

薄荷性味辛，凉。入肺、肝经。主要功效为疏散风热，清利咽喉，透疹。

（1）用于感冒风热、温病初起有表症者。薄荷为疏散风热要药，有发汗作用，主要用于风热表症、身不出汗、头痛目赤等症，常与荆芥、桑叶、菊花和牛蒡子等配合应用；如果风寒感冒、身不出汗，也可配合紫苏、羌活等同用。

（2）用于咽喉红肿疼痛。薄荷清利咽喉作用显著，主要用于风热咽痛，兼有疏散风热作用，常配合牛蒡子、马勃和甘草等应用。也可研末吹喉，治咽喉红肿热痛病症。

(3) 用于麻疹透发不畅。薄荷有透发作用，能助麻疹透发，可配合荆芥、牛蒡子和蝉衣等同用。

(二) 菊花

1. 基本介绍　菊花为菊科植物菊的干燥头状花序。主产于浙江、安徽、河南等省。四川、河北、山东等省亦产。多栽培。9～11 月花盛开时分批花采收，阴干或焙干，或熏、蒸后晒干。生用。药材按产地和加工方法的不同，分为“亳菊”、“滁菊”、“贡菊”和“杭菊”等，以亳菊和滁菊品质最优。由于花的颜色不同，又有黄菊花和白菊花之分（图 7-2）。

图 7-2　菊　花

2. 植物形态　菊花是多年生草本植物，茎直立，分枝或不分枝，被柔毛。株高 22～200 厘米，通常 30～90 厘米。茎色嫩绿或为褐色，除悬崖菊外多为直立分枝，基部半木质化。单叶互生，叶卵形至披针形，长 5～15 厘米，羽状浅裂或半裂，有短柄，叶下面被白色短柔毛覆盖。

头状花序顶生或腋生，直径 2.5～20 厘米，一朵或数朵簇生。总苞片多层，外层外面被柔毛。舌状花为雌花，筒状花为两性花。舌状花数层，位于外围，类白色，劲直，上举，纵向折缩，散生金黄色腺点，色彩丰富，有红、黄、白、墨、紫、绿、橙、粉、棕、雪青、淡绿等。筒状花发展成为具各种色彩的“托桂瓣”，花色有红、黄、白、紫、绿、粉红、复色和间色等色系。

花序大小和形状各有不同，有单瓣，有重瓣；有扁形，有球形；有长絮，有短絮，有平絮和卷絮；有空心和实心；有挺直的和下垂的，式样繁多，品种复杂。

瘦果长1～3毫米，宽0.9～1.2毫米，上端稍尖，呈扁平楔形，表面有纵棱纹，褐色，果内结一粒无胚乳的种子，果实翌年1～2月成熟，千粒重约1克。花期9～11月。

3. 产地分布 菊花品种遍布我国各城镇与农村，尤以北京、南京、上海、杭州、青岛、天津、开封、武汉、成都、长沙、湘潭、西安、沈阳、广州和中山市小榄镇等为盛。

4. 药用价值 菊花是我国常用中药，具有疏风、清热、明目、解毒之功效。主要治疗头痛、眩晕、目赤、心胸烦热、疔疮和肿毒等症。现代药理研究表明，菊花具有治疗冠心病、降低血压、预防高血脂、抗菌、抗病毒、抗炎和抗衰老等多种药理活性。

菊花性味甘、苦，微寒。入肺、肝经。主要功效为疏散风热，明目，清热解毒，平肝阳。

（1）用于外感风热、发热、恶寒、头痛等症。菊花疏风较弱，清热力佳，用于外感风热常配桑叶同用，也可配黄芩、山栀治热盛烦躁等症。

（2）用于目赤肿痛。菊花治目赤肿痛，无论属于肝火或风热引起者，均可应用，因本品既能清肝火，又能散风热，常配合蝉衣、白蒺藜等同用。如肝阴不足，眼目昏花，则多配生地、杞子等同用。

（3）用于疮疡肿痛等症。菊花清热解毒之功甚佳，为外科要药，主要用于热毒疮疡、红肿热痛之症，特别对于疔疮肿痛毒有良好疗效，既可内服，又可捣烂外敷。临床上常与地丁草、蒲公英等清热解毒之品配合应用。

（4）用于肝阳上亢引起的头晕、目眩、头胀、头痛等症。菊花能平降肝阳，对肝阳上亢引起的头目眩晕，往往与珍珠母、葛藤等配伍应用。

（三）牵牛

1. 基本介绍　牵牛花，原名牵牛，别名喇叭花、筋角拉子、大牵牛花、勤娘子，为旋花科，牵牛属一年生蔓性缠绕草本花卉。蔓生茎细长，3～4 米，全株多密被短刚毛。叶互生，全缘或具叶裂。聚伞花序腋生，1 朵至数朵。花冠喇叭样。花色鲜艳美丽（图 7-3）。

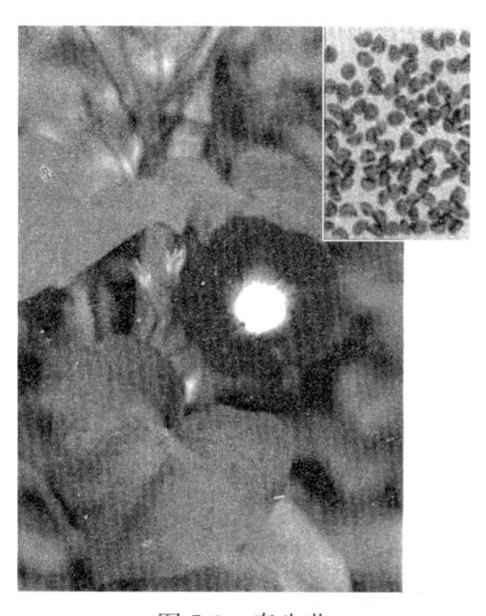

图 7-3　牵牛花

2. 形态特征　一年生缠绕草本，茎上被倒向的短柔毛及杂有倒向或开展的长硬毛。叶宽卵形或近圆形，深或浅的 3 裂，偶 5 裂，长 4～15 厘米，宽 4.5～14 厘米，基部圆，心形，中裂片长圆形或卵圆形，渐尖或骤尖，侧裂片较短，三角形，裂口锐或圆，叶面或疏或密被微硬的柔毛；叶柄长 2～15 厘米，毛被同茎。花腋生，单一或通常 2 朵着生于花序梗顶，花序梗长短不一，长 1.5～18.5 厘米，通常短于叶柄，有时较长，毛被同茎；

苞片线形或叶状，被开展的微硬毛；花梗长 2～7 毫米；小苞片线形；萼片近等长，长 2～2.5 厘米，披针状线形，内面 2 片稍狭，外面被开展的刚毛，基部更密，有时也杂有短柔毛；花冠漏斗状，长 5～10 厘米，蓝紫色或紫红色，花冠管色淡；雄蕊及花柱内藏；雄蕊不等长；花丝基部被柔毛；子房无毛，柱头头状。蒴果近球形，直径 0.8～1.3 厘米，3 瓣裂。种子卵状三棱形，长约 6 毫米，黑褐色或米黄色，被褐色短绒毛。

牵牛花的种子似橘瓣状，长 4～8 毫米，宽 3～5 毫米。表面灰黑色（黑丑）或淡黄白色（白丑）。背面有 1 条浅纵沟，腹面接线的近端处有 1 点状种脐，微凹。质硬，浸水中作龟裂状胀破，内有浅黄色子叶两片，紧密重叠而皱曲。味辛、苦,有麻感。

牵牛花生性强健，喜气候温和、光照充足、通风适度，对土壤适应性强，较耐干旱盐碱，不怕高温酷暑，属深根性植物，地栽土壤宜深厚。

3. 产地分布 原产热带美洲，我国各地普遍栽培，供观赏。我国除西北和东北的一些省份外，大部分地区都有分布。主要生于海拔 100～1 600米的山坡灌丛、干燥河谷路边、园边宅旁、山地路边，或为栽培。

4. 药用价值 牵牛花的种子为常用中药，名丑牛子（云南）、黑丑、白丑、二丑（黑、白种子混合），入药多用黑丑，白丑较少用。牵牛花种子中含牵牛子甙、牵牛子酸 C、牵牛子酸 D、顺芷酸、尼里酸等，性寒，味苦；有毒。主要功效为泻水通便、消痰涤饮、杀虫攻积。主要用于治疗水肿胀满，二便不通，痰饮积聚，气逆喘咳，虫积腹痛，蛔虫和绦虫病等。

（四）芡实

1. 基本介绍

芡实，又叫鸡头米、鸡头荷、鸡头莲、刺莲藕、假莲藕和湖南根。属睡莲科、芡属一年生大型水生草本，为植物的果实。栽培或野生于湖沼、池塘中，7、8 月成熟，9 月结果。果实可食用，也可作药用（图 7-4）。

图 7-4　芡　实

2. 形态特征　芡实为一年生水生大型草本植物。沉水叶箭形或椭圆肾形，长 5～10 厘米，两面无刺；叶柄无刺；浮水叶革质，椭圆肾形至圆形，直径 10～130 厘米，盾状，有或无弯缺，全缘，下面带紫色，有短柔毛，两面在叶脉分枝处有锐刺；叶柄及花梗粗壮，长可达 25 厘米，皆有硬刺。花长约 5 厘米；萼片披针形，长 1～1.5 厘米，内面紫色，外面密生稍弯硬刺；花瓣矩圆披针形或披针形，长 1.5～2 厘米，紫红色，成数轮排列，向内渐变成雄蕊；无花柱，柱头红色，成凹入的柱头盘。浆果球形，直径 3～5 厘米，污紫红色，外面密生硬刺；种子球形，直径 10 余毫米，黑色。花期 7～8 月，果期 8～9 月。

根：须根，白色，长 100～130 厘米，横径 0.4～0.8 厘米，根数多，根内有许多小气道，与茎叶中的气道相通。

茎：短缩茎，节间密集，成长后形成倒圆锥形，中央部分组织较充实，外围组织较疏松，呈海绵状，中有气道，与根叶中的气道相通，最大茎高度及其横径可达15～17厘米。

叶：形状和大小随生育期的不同而变化。实生苗抽叶的第一张叶呈线性，无叶片和叶柄之分。第二、三张叶则呈剑型，叶片逐张加宽，叶柄逐张加长。第一至第四张叶均为水中叶，绿色，无刺。第五至第六张叶，叶柄明显伸长，叶片叶明显加宽，常可使叶片浮于水面生长，由箭形变为椭圆形。往后这类椭圆形的浮叶也逐张变宽加大，叶片长度从3厘米增至16厘米，宽度从1.5厘米增至10厘米，共抽6～9张叶。随着植株的继续生长，叶柄逐渐增粗，叶片逐渐增大增厚，形状由椭圆形变为圆形，逐渐过渡到抽生最后定型叶，常可以陆续抽生10多张，叶片大，纵横茎一般为1～1.5米，最大可达2.9米，叶面浓深绿色，有明显的起伏皱褶，叶背深紫色，掌状网脉在叶背突起，有钢刺。叶柄紫红色，无刺，长1～2m，较粗，横径3～4cm，组织松软，不能直立，故定型叶仍浮于水面。叶柄中有气道，上通叶脉、下通短缩茎。

花：植株抽生5～6张定型叶后，开始从短缩茎的叶腋中抽生花梗，其顶端着生花朵，花梗稍细与相邻的叶柄。华单生，较大，具萼片4枚，着生于花托上部边缘，外表绿色。花冠由3～6轮啮合状排列的花瓣组成，呈紫色或白色。每轮花瓣4片，自外向内依次缩小。雄蕊多数，排列3～5轮，其先端向内弯，是花药得以覆盖于雌蕊柱头之上。但外轮雄蕊在发育至棍棒阶段后，就逐渐瓣化，不能继续分出花药；内轮雄蕊则发育正常，分化出花药和花丝。雌蕊群由多个心皮合生而成，最初合生心皮着生于花托顶部，随着花器的发育，最终凹陷入花托之内，从而形成多室的下位子房。雌蕊柱头呈辐射状排列，汇合成圆盘状。每一子房中具有多枚胚珠，分别着生于室隔的两侧。一般为自花授粉。

果实和种子：果实为花托包被的假果，果实有刺或无刺，花萼宿存，尖嘴状，位于果实顶端，整个果实形似鸡头，果形大，一般重 0.5～1.0 千克，内分多室，并有成熟种类 100～200 粒。种子呈圆形，较大，直径 1.0～1.6 厘米，百粒重 164 克，种子外被有 1 层较厚的假种皮，呈乳白色，上有较多红色的斑纹。

3. 产地分布　分布于我国大部分地区，主要分布在黑龙江、吉林、辽宁、河北、河南、山东、江苏、安徽、浙江、福建、江西、台湾、广西、湖南、湖北、四川、广东、云南及贵州等地。

4. 药用价值　芡实种子含多量淀粉。每 100 克中含蛋白质 4.4 克，脂肪 0.2 克，碳水化合物 78.7 克，粗纤维 0.4 克，灰分 0.5 克，钙 9 毫克，磷 110 毫克，铁 0.4 毫克，硫胺素 0.40 毫克，核黄素 0.08 毫克，尼克酸 2.5 毫克，抗坏血酸 6 毫克，胡萝卜素微量。

芡实性味甘涩，平。入脾、肾经。主要功效为益肾、固精，补脾、止泻，祛湿、止带。用于梦遗、滑精、遗尿、尿频、脾虚久泻、白浊、带下。

（1）健脾止泻：用于脾虚泄泻，常配山药、白术。

（2）涩精止带：用于遗精、白带过多、尿频或尿失禁，常配金樱子、莲子。

（五）黄柏

1. 基本介绍　黄柏为芸香科植物黄皮树或黄檗树的干燥树皮（图 7-5）。剥取树皮后，除去粗皮，晒干经炮制为药用。

2. 形态特征　落叶乔木，高 10～25 米；树皮外层灰色，有甚厚的木栓层，表面有纵向沟裂，内皮鲜黄色。小枝通常灰褐色或淡棕色，罕为红橙色。叶对生，单数羽状复叶，小叶 5～13 片，小叶柄短，小叶片长圆状披针形、卵状披针形或近卵形，长 5～11 厘米，宽 2～3.8 厘米，先端长渐尖，基部通常为不等的广楔形或近圆形，边缘有细圆锯齿或近无齿，常被缘毛；上面暗绿色，幼时沿脉被柔毛，老时则光滑无毛。下面苍白色，幼时沿

图 7-5 黄 柏

脉被柔毛，老时仅中脉基部被白色长柔毛。花序圆锥状，花轴及花枝幼时被毛；花单性，雌雄异株，较小；花萼 5，卵形；花瓣 5，长圆形，带黄绿色；雄花雄蕊 5，伸出花瓣外，花丝基部被毛；雌花的退化雄蕊呈鳞片状，雌蕊 1，子房上位，花柱甚短，柱头头状，5 裂。浆果状核果圆球形，直径 8～10 毫米，成熟时紫黑色，有 5 核。花期 5～6 月。果期 9～10 月。

3. 产地分布 生于深山、河边和溪旁林中。主产辽宁、吉林和河北等。

4. 药用价值 每年 3～6 月将树皮剥下，趁鲜刮去粗皮，晒干，称“关黄柏”。关黄柏树皮呈板片状，栓皮已大部刨去，厚 1.5～4 毫米。外表面绿黄色，有不规则纵脊和沟纹；内表面灰黄色。质坚韧，折断面呈刺片状，鲜黄色，纤维层可成片剥离。微有香气，味极苦，有黏性。

主要化学成分有小檗碱，并含巴马亭、药根碱、黄柏碱、蝙蝠葛任碱、白桥楼碱和黄柏桐等。黄柏性寒，味苦。主要功效为清热燥湿，泻火除蒸，解毒疗疮。用于湿热泻痢、黄疸、带下、热淋、脚气、骨蒸劳热、盗汗、遗精和疮疡肿毒。

（1）抗菌作用。黄柏对金黄色葡萄球菌、白喉杆菌、肺炎链球菌、痢疾杆菌、溶血性链球菌、破伤风杆菌和草绿色链球菌均有良好的抑制作用，尤其是对肺炎链球菌、绿脓杆菌有明显的抑菌效果，对金黄色葡萄球菌的抑菌效果最好。黄柏的抗菌原理主要是抑制细菌的呼吸和 RNA 的合成。用于治疗感染性疾病，如对腹泻、黄疸和关节炎有一定疗效，尤其是在中医辨证施治的情况下具有很好的疗效。

（2）抗炎作用。黄柏可以对抗多种因素所致的炎症反应。黄柏对金黄色葡萄球菌感染的皮肤有明显的抗炎作用，可用于治疗关节炎。

（3）调节免疫功能。黄柏具有抑制免疫反应的作用，其活性物质为黄柏碱和木兰花碱。可以降低血清中干扰素水平，抑制腹腔巨噬细胞产生的 IL-1 和 TNF，有效对抗细胞免疫和体液免疫，用来治疗黄疸和关节炎有一定的理论基础。

（4）抗溃疡的作用。黄柏可有效地促进血管生成，具有抗溃疡的作用。动物试验表明，黄柏在抗菌解毒的过程中可有效地促进血管新生，消除炎症水肿，改善微循环，促进伤口愈合和肉芽组织生成。

（六）钩藤

1. 基本介绍　钩藤，别名大钩丁、双钩藤，是一种常绿藤本植物，因为枝条上的钩形似猫爪，所以在美洲地区称为 Uñadegato（意为猫爪）。为茜草科植物，攀缘状灌木，高可达 10 米。茎枝呈圆柱形或类方柱形，有细纵纹。节上生有向下弯曲的双钩或单钩，钩下有托叶痕。质硬，茎断面有黄白色髓部。以带钩的茎枝入药。春，秋季采收，除去叶片，切断，晒干（图 7-6）。

图 7-6　钩　藤

2. 形态特征　藤本；老枝四棱柱形。叶对生，革质，宽椭圆形或长椭圆形，长 10～16 厘米、宽 6～12 厘米顶端急尖或圆，基部圆形或心形，上面光滑或沿中脉被短毛，下面被褐色短粗毛；托叶 2 裂。头状花序球形，总花梗被黄色粗毛；花被褐色粗毛，有香气；花萼筒状，5 裂；花冠漏斗形，5 裂，淡黄色；雄蕊 5；子房下位。蒴果纺锤形，被毛，顶端冠以长 4 毫米的萼檐裂片。花期 6～7 月，果期 10～11 月。

3. 产地分布　生于谷溪边的疏林中、山地林中和山地次生林中。钩藤常绿木质藤木，生于山谷溪边湿润疏林中。地大叶钩藤生于山地次生林中。

在我国，多分布于陕西、安徽、浙江、江西、福建、湖北、湖南、广东、广西、四川、贵州和云南等地。

4. 药用价值　于每年秋、冬季采收，去叶切断，晒干。茎枝呈圆柱形或类方柱形，长 2～3 厘米，直径 2～5 毫米；表面黄褐色至紫红色，有细纵纹。节上生有向下弯曲的双钩或单钩，钩黄褐色，扁平或稍扁圆，多少被黄褐色毛，钩下有托叶痕。质硬，茎断面有黄白色髓部。

主要化学成分有钩藤碱、异钩藤碱等。钩藤性凉，味甘。主要功效为清热平肝，息风定惊。用于头痛眩晕、感冒夹惊、惊痫抽搐、妊娠子痫、高血压症。

（1）用于治疗高血压病，有一定疗效。据 100 余例的观察，服药后多数患者血压均有不同程度的下降，有的可降至正常或接近正常范围。随着血压的下降，头晕、头痛、心慌、气促、失眠等自觉症状亦相应减轻或消失。据部分病例观察，血压下降开始于服药后 2～7 日，10 日之后降压效果即很显著，有时还可继续下降。血压下降的曲线呈斜坡状，显示本品作用温和。个别病例在服药期间有回升现象，但波动的幅度甚小，且不伴有症状恶化。

（2）对神经机能失调者疗效甚显著，服药 5～10 天症状即可明显减轻。病期越早疗效越好，属于第三期者多无降压效果，但有些患者血压虽无明显变化，而症状却有明显改善。治疗中未见副作用。用法：钩藤加水煮沸 10～20 分钟，使成 20%浓度，每次 20～30 毫升，日服 3 次；或每日用钩藤 2 两，放入沸水中保持沸点 15～20 分钟，制成煎液 200 毫升，中、晚分服，4～6 日为一疗程。

（七）刺五加

1. 基本介绍　刺五加，别名刺拐棒、坎拐棒子、一百针、老虎潦、五加参、俄国参、西伯利亚人参，五加科五加属的一种落叶灌木，生于山坡林中及路旁灌丛中，药圃常有栽培。主要分布于亚洲东北部和西伯利亚一带。我国分布于华中、华东、华南和西南地区。其根部和根状茎可入药。根皮祛风湿、强筋骨，泡酒制五加皮酒（或制成五加皮散）。根皮含挥发油、鞣质、棕榈酸、亚麻仁油酸、维生素 A 和维生素 B_1（图 7-7）。

2. 形态特征　灌木，高 1～6 米；分枝多，一、二年生的通

图 7-7　刺五加

常密生刺，稀仅节上生刺或无刺；刺直而细长，针状，下向，基部不膨大，脱落后遗留圆形刺痕，叶有小叶 5，稀 3；叶柄常疏生细刺，长 3～10 厘米；小叶片纸质，椭圆状倒卵形或长圆形，长 5～13 厘米，宽 3～7 厘米，先端渐尖，基部阔楔形，上面粗糙，深绿色，脉上有粗毛，下面淡绿色，脉上有短柔毛，边缘有锐利重锯齿，侧脉 6～7 对，两面明显，网脉不明显；小叶柄长 0.5～2.5 厘米，有棕色短柔毛，有时有细刺。伞形花序单个顶生，或 2～6 个组成稀疏的圆锥花序，直径 2～4 厘米，有花多数；总花梗长 5～7 厘米，无毛；花梗长 1～2 厘米，无毛或基部略有毛；花紫黄色；萼无毛，边缘近全缘或有不明显的 5 小齿；花瓣 5，卵形，长 1～2 毫米；雄蕊 5，长 1.5～2 毫米；子房 5 室，花柱全部合生成柱状。果实球形或卵球形，有 5 棱，黑色，直径 7～8 毫米，宿存花柱长 1.5～1.8 毫米。花期 6～7 月，果期 8～10 月。

3. 产地分布　生于森林或灌丛中，海拔数百米至2 000米。

喜温暖湿润气候，耐寒、耐微荫蔽。宜选向阳、腐殖质层深厚、土壤微酸性的沙质壤土。种子有胚后熟物性，种胚要经过形态后熟和生理后熟之后才能萌发。

分布于我国黑龙江（小兴安岭、伊春市带岭）、吉林（吉林、通化、安图、长白山）、辽宁（沈阳）、河北（雾灵山、承德、百花山、小五台山、内丘）和山西（霍县、中阳、兴县）等地。朝鲜、日本也有分布。

4. 药用价值　每年于春、秋季采挖，去泥土，晒干。根茎结节状不规则圆柱形，直径 1.4～4.2 厘米；表面灰褐色，有皱纹；上端有不定芽发育的细枝。根圆柱形，多分枝，常扭曲，长 3.5～12 厘米，直径 0.3～1.5 厘米；表面灰褐色或黑褐色，粗糙，皮薄，剥落处显灰黄色。质硬，断面黄白色，纤维性。

主要化学成分有刺五加苷和多糖等。有特异香气，味微辛、稍苦、涩。主要功效为益气健脾、补肾安神。用于脾肾阳虚、体虚乏力、食欲不振、腰膝酸痛和失眠多梦。

刺五加的作用特点与人参基本相同，具有调节机体紊乱，使之趋于正常的功能。有良好的抗疲劳作用，较人参显著，并能明显地提高耐缺氧能力。补中、益精、强意志、祛风湿、壮筋骨、活血去瘀和健胃利尿等功能，久服“轻身耐劳”。刺五加含有值得注意的成分——刺五加苷，能刺激精神和激发身体活力。众多关于刺五加的科学著作已证明了其抗疲劳作用，增强持久力和能力，增加机敏和学习能力。众多用法都已在人体实验中得到了证实。刺五加是病后康复、承受过多压力或紧张、工作过量、慢性病导致身体虚弱的人群以及那些需要达到生理和心理性能高峰的人群非常受欢迎的自我药疗药物。有相当可观数量的报道指出，其具有支援免疫系统，恢复非正常低血压，改善循环系统，使紊乱的糖脂代谢正常化，提高肝部、睾丸、骨密度和其他重要器官的合成代谢的功效。

（八）升麻

1. 基本介绍 升麻，别名绿升麻、西升麻、川升麻、龙眼根、周麻、窟窿牙根。其药用价值在于毛茛科、升麻属植物升麻的根茎（图 7-8）。

图 7-8 升 麻

2. 形态特征 多年生草本。茎直立，高 1～2 米，上部分枝。下部茎生叶具有长柄，叶片三角形或菱形，2～3 回三出羽状全裂，叶下表面沿脉疏被白茸毛或全部被白色绵毛；茎上部的叶较小，具短柄或近无柄，常 1～2 回三出或羽状全裂。圆锥花序，具分枝 3～20 条，花序轴和花梗密被灰色或锈色的腺毛或短毛；花两面性，萼片 5，花瓣状；雄花多数；皮 2～5。骨突果长圆形，被贴伏的柔毛，顶端有短喙。种子具膜质鳞翅。花期 7～9 月，果期 8～10 月。

3. 产地分布 生长在海拔1 700～2 300米的山地林缘、林中或路旁草丛中。升麻喜温暖湿润气候。耐寒，当年幼苗在－25℃

低温下能安全越冬。幼苗期怕强光直射，开花结果期需要充足光照，怕涝，忌土壤干旱，喜微酸性或中性的腐殖质土，在碱性或重黏土中栽培生长不良。

在我国分布于西藏、云南、四川、青海、甘肃、陕西、河南西部和山西。在蒙古和西伯利亚地区也有分布。

4. 药用价值　每年秋季采挖，晒干，除去须根。根茎为不规则块状，多分枝，呈结节状。表面黑褐色，有坚硬的须根残留，上面有数个茎痕呈圆空洞状。体轻，质坚硬，不易折断，断面不平坦，有裂隙，黄绿色。气微，味微苦而涩。

主要化学成分有升麻素、阿魏酸、咖啡酸及有机酸等。主要功效为发表透疹、清热解毒、升举阳气。用于风热头痛、咽喉肿痛、麻疹不透、脱肛和子宫脱垂。

（1）用于风热头痛、麻疹不透。本品辛甘微寒，性能升散，有发表透疹之功。用治风热上攻，阳明头痛，可配生石膏、黄芩、白芷等同用；若外感风热夹湿之头面巅顶痛甚的雷头风证，又当与苍术、薄荷、荆芥穗等配伍，如清震汤。本品升散发表，宣毒透疹，用治麻疹透发不畅，常与葛根、白芍、甘草等同用，如升麻葛根汤。

（2）用于齿痛口疮、咽喉肿痛。本品甘寒，清热解毒，可用治多种热毒证，尤善病解阳明热毒，故常用治胃火上攻，头痛、齿龈肿痛、口舌生疮等症，多与石膏、黄连、丹皮等同用，如清胃散；若用治咽喉肿痛，痄腮丹毒，可与黄芩、黄连、玄参等配伍，如普济消毒饮，治外感疫疠，阳毒发斑，咽痛目赤，可与鳖甲、当归、雄黄等同用，如升麻鳖甲汤；用治温毒发斑，可与石膏、大青叶、紫草等同用。

（3）用于气虚下陷、久泻脱肛、崩漏下血。本品入脾胃经，善引清阳之气上升，而为升阳举陷之要药。故常用治气虚下陷、久泻脱肛，胃、子宫下垂等证，多与人参、黄芪、柴胡等同用，如补中益气汤；若胸中大气下陷，气短不足以吸，又常以本品配柴胡、黄芪、桔梗等同用，如升陷汤；又用治气虚崩漏下血，则以本品配人参、黄芪、白术同用，如举元煎。

（九）金樱子

1. 基本介绍 金樱子为蔷薇科蔷薇属植物，别名刺榆子、刺梨子、金罂子、山石榴、山鸡头子、糖莺子、糖罐、糖果、蜂糖罐、槟榔果、金壶瓶、糖橘子、黄茶瓶、藤勾子、螳螂果、糖刺果、灯笼果、刺橄榄、灯笼果、刺兰棵子。根皮提制栲胶；果实入药，有利尿、补肾作用；叶有解毒消肿作用；根药用，能活血散瘀、拔毒收敛、祛风驱湿（图 7-9）。

图 7-9 金樱子

2. 形态特征 常绿攀缘状灌木。枝密生倒钩状皮刺和刺毛。三出复叶互生；小叶椭圆状卵形至卵状披针形，长 3～7 厘米，宽 1～5 厘米，先端尖，边缘有细锐锯齿，下面沿中脉有刺；托叶线状披针形。花单生于侧枝顶端；萼片 5，卵状披针形，被腺毛，宿存；花瓣 5，白色，倒广卵形；雄蕊多数；雌蕊多数，被绒毛，包于花托内。蔷薇果熟时红色，梨形，外有刚毛，内有多数瘦果。花期 5～6 月，果期 9～10 月。

金樱子为花托发育而成的假果，呈倒卵形，长 2～3.5 厘米，直径 1～2 厘米。表面黄红色至棕红色，略具光泽，有多数刺毛脱落后的小突起；顶端宿存花萼盘状，中央有花柱基；基部渐细，残留果柄。质坚硬，纵切后可见花萼筒，内壁密生淡黄色光泽绒毛。瘦果数十粒，扁纺锤形，外被淡黄绒毛。

3. 产地分布　生长在野生向阳山坡；金樱子喜温暖、阳光充足的环境。对土壤要求不严，但以疏松肥沃、富含有机质的沙质土壤为好。重黏土、盐碱地不宜种植。

主要分布于我国江苏、安徽、浙江、江西、福建、广东和广西等地。

4. 药用价值　金樱子果实风味独特，有蜂蜜味和幽香，其营养极丰富，内含糖（主要是果糖等还原糖）、柠檬酸、苹果酸、鞣质、维生素、20 余种氨基酸，18 种矿物质元素以及树脂、皂苷等成分，尤以维生素 C 和还原糖含量较高。据测定，每 100 克鲜金樱子果肉含维生素 C 1 009毫克，含量仅次于刺梨，是鲜枣的 2 倍、猕猴桃的 10 倍、柑橘的 30 倍。另外，金樱子含有丰富的锌和硒，这两种元素为动物机体必需的具有特定保健和防癌功效的微量元素。

金樱子以个大、色红黄、有光泽、去净毛刺者为佳。金樱子味酸涩、性平，归脾、肾、大肠、膀胱经。主要功效固精缩尿，敛肺涩肠，固崩止带，主治遗精白浊、尿频遗尿、咳喘自汗、泻痢脱肛、崩漏带下和子宫脱垂。

（1）固精缩尿、涩肠止泻。金樱子中含有大量的酸性物质、皂苷等，既能固精室防止遗精滑泄、带下过多，又能涩肠道，防止脾虚约束不力所致的泻痢。

（2）缩尿止遗。金樱子中含有大量的酸性物质和皂苷，具有制约膀胱括约肌，延长排尿时间间隔，增加每次排出尿量的作用，可用于治疗遗尿及小便频数之症。

（3）止咳平喘、抗痉挛。中医认为，咳喘多由肺气上逆而致，金樱子味酸涩，能敛肺气，可止咳平喘。现代研究发现，金樱子中含有抗平滑肌痉挛的成分，可防止胃肠及气管的痉挛。

（4）降血脂。金樱子中含有脂肪酸、β-谷甾醇、鞣质及皂苷等，能降低血脂，减少脂肪在血管内的沉积，可用于治疗动脉粥样硬化症。

（5）抗菌消炎。研究发现，金樱子提取液可杀死金黄色葡萄球菌及大肠杆菌等，可用来治疗因金黄色葡萄球菌或大肠杆菌感染而致的疾病。

（十）龙葵

1. 基本介绍 龙葵别称野茄、天茄子、酸浆草、天沧草等，为茄科植物龙葵的地上部分（图 7-10）。

2. 形态特征 一年生草本，高 30～60 厘米。茎直立，上部多分枝，稀被白色柔毛。叶互生，卵形，长 2.5～10 厘米，宽 1.5～5.5 厘米全缘或具波状齿，先端尖锐，基部楔形或渐狭至柄，叶柄长达 2 厘米。花序短蝎尾状或近伞状，侧生或腋外生，有花 4～10 朵，花序梗长 1~2.5 厘米；花细小，柄长约 1 厘米，下垂；花萼杯头，绿色，5 浅裂；花冠白色，辐射状，5 裂，裂片卵状三角形，约 3 厘米；雄蕊 5，花药顶端孔裂；子房上位，卵形，花柱中部以下有白色绒毛。浆果球形，直径约 8 毫米，熟时黑色。种子多数，近卵形，压扁状。

图 7-10 龙 葵

花果期 9～10 月。

3. 产地分布　我国几乎均有分布。喜生于田边、荒地及村庄附近。广泛分布于欧洲、亚洲、美洲的温带至热带地区。

4. 药用价值　龙葵可全株入药，于每年夏、秋季采割，除去杂质，干燥。

主要化学成分有龙葵碱、澳茄胺、龙葵定碱、皂苷、维生素 C、树脂。性寒，味苦、微甘；有小毒。主要功效为清热解毒，利尿，用于疮痈肿毒、皮肤湿疹、小便不利、老年慢性气管炎、白带过头、前列腺炎、痢疾。

龙葵治疗咽喉肿痛，可配合土牛膝、筋骨草和大青叶等药同用。治疗外科痈肿疔毒，可用鲜草洗净，捣烂外敷；内服可配合地丁草、野菊花和蒲公英等药同用。治疗水肿、小便不利等症，可配合泽泻、木通等药同用。用本品治疗癌肿，可配合蛇莓、白花蛇舌草和白英等药同用。

（十一）绞股蓝

1. 基本介绍　绞股蓝，为多年生草质藤木，又称天堂草、福音草、超人参、公罗锅底、遍地生根、七叶胆、五叶参和七叶参等，日本称为甘蔓茶。号称“南方人参”，生长在南方的绞股蓝药用含量比较高，民间称其为神奇的“不老长寿药草”（图 7-11）。1986 年，国家科学技术委员会在“星火计划”中，把绞股蓝列为待开发的“名贵中药材”之首位。2002 年 3 月 5 日，卫生部将其列入保健品名单。

2. 形态特征　叶子互生，常 5～7 小叶，呈鸟趾状复叶；中央 1 枚较大，先端渐尖，叶缘有锯齿。夏季开黄白色花，圆锥花序腋生，雌雄异株。圆形浆果；种子如豌豆大，熟时为黑紫色。草质攀缘植物；茎细弱，具分枝，具纵棱及槽，无毛或疏被短柔毛。叶膜质或纸质，鸟足状，具 3～9 小叶，通常 5～7 小叶，叶柄长 3～7 厘米，被短柔毛或无毛；小叶片卵状长圆形或披针形，中央小叶长3～12厘米，宽1.5～4厘米，侧生叶较小，先端急尖或短渐尖，基部渐狭，边缘具波状齿或圆齿状牙齿，上面深绿色，背面淡绿色，两面均疏被短硬毛，侧脉6～8对，上面平坦，背面凸起，细脉网状；小叶柄略叉开，长1～5毫米。卷须纤细，2歧，稀单一，无毛或基部被短柔毛。

图7-11 绞股蓝

花雌雄异株。雄花圆锥花序，花序轴纤细，多分枝，长10～30厘米，分枝广展，长3～15厘米，有时基部具小叶，被短柔毛；花梗丝状，长1～4毫米，基部具钻状小苞片；花萼筒极短，5裂，裂片三角形，长约0.7毫米，先端急尖；花冠淡绿色或白色，5深裂，裂片卵状披针形，长2.5～3毫米，宽约1毫米，先端长渐尖，具1脉，边缘具缘毛状小齿；雄蕊5，花丝短，联合成柱，花药着生于柱之顶端。雌花圆锥花序远较雄花之短小，花萼及花冠似雄花；子房球形，2～3室，花柱3枚，短而叉开，柱头2裂；具短小的退化雄蕊5枚。果实肉质不裂，球形，径5～6毫米，成熟后黑色，光滑无毛，内含倒垂种子2粒。种子卵状心形，径约4毫米，灰褐色或深褐色，顶端钝，基部心形，压扁，两面具乳突状凸起。花期3～11月，果期4～12月。

3. 产地分布 野生绞股蓝生长在山地林下、水沟旁、山谷阴湿处。喜荫蔽环境，上层覆盖度50%～80%，通风透光，富含腐殖质壤土的沙地、沙壤土或瓦砾处。中性微酸性土或微碱性土都能生长。生于海拔300～3200米的山谷密林中、山坡疏林、灌丛中或路旁草丛中，分布于中国、印度、尼泊尔、锡金、孟加拉国、斯里兰卡、缅甸、老挝、越南、马来西亚、印度尼西亚、新几内亚、朝鲜和日本。

绞股蓝在我国陕西、四川、云南、湖北、湖南、广东、广西和福建等地均有分布。而野生绞股蓝主要分布在湖南和广西金秀县圣塘山一带。

4. 药用价值　每年夏、秋两季可采收3～4次，洗净、晒干。

绞股蓝主要有效成分是绞股蓝皂苷、绞股蓝糖苷（多糖）、水溶性氨基酸、黄酮类、多种维生素、微量元素和矿物质等。性寒，味苦。主要功效为消炎解毒、止咳祛痰。现多用作滋补强壮药。

用绞股蓝与灵芝搭配煮水或泡茶喝，可治疗高血压、高血脂、高血糖和脂肪肝等症。有保肝解毒、降血压和降血脂血糖的功效。

（十二）山茱萸

1. 基本介绍　山茱萸，山茱萸属山茱萸科落叶灌木或小乔木，生于海拔400～1 500米的阴湿溪边，林缘或林内（图7-12）。

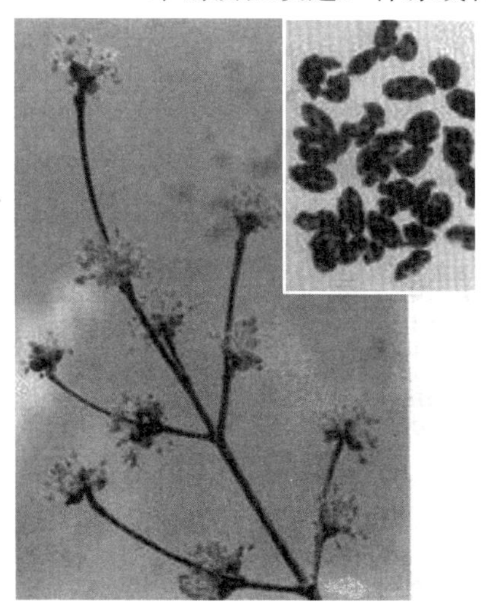

图7-12　山茱萸

其成熟果实为中药，别名山萸肉、药枣、枣皮、蜀酸枣、肉枣、薯枣、鸡足、实枣、萸肉、药枣、天木籽、山芋肉和实枣儿。

2. 形态特征 落叶乔木或灌木，高 4～10 米；树皮灰褐色；小枝细圆柱形，无毛或稀被贴生短柔毛冬芽顶生及腋生，卵形至披针形，被黄褐色短柔毛。叶对生，纸质，卵状披针形或卵状椭圆形，长 5.5～10 厘米，宽 2.5～4.5 厘米，先端渐尖，基部宽楔形或近于圆形，全缘，上面绿色，无毛，下面浅绿色，稀被白色贴生短柔毛，脉腋密生淡褐色丛毛，中脉在上面明显，下面凸起，近于无毛，侧脉 6～7 对，弓形内弯；叶柄细圆柱形，长 0.6～1.2 厘米，上面有浅沟，下面圆形，稍被贴生疏柔毛。伞形花序生于枝侧，有总苞片 4，卵形，厚纸质至革质，长约 8 毫米，带紫色，两侧略被短柔毛，开花后脱落；总花梗粗壮，长约 2 毫米，微被灰色短柔毛；花小，两性，先叶开放；花萼裂片 4，阔三角形，与花盘等长或稍长，长约 0.6 毫米，无毛；花瓣 4，舌状披针形，长 3.3 毫米，黄色，向外反卷；雄蕊 4，与花瓣互生，长 1.8 毫米，花丝钻形，花药椭圆形，2 室；花盘垫状，无毛；子房下位，花托倒卵形，长约 1 毫米，密被贴生疏柔毛，花柱圆柱形，长 1.5 毫米，柱头截形；花梗纤细，长 0.5～1 厘米，密被疏柔毛。核果长椭圆形，长 1.2～1.7 厘米，直径 5～7 毫米，红色至紫红色；核骨质，狭椭圆形，长约 12 毫米，有几条不整齐的肋纹。花期 3～4 月，果期 9～10 月。

3. 产地分布 山茱萸为暖温带阳性树种，生长适温为 20～30℃，超过 35℃则生长不良。抗寒性强，可耐短暂的－18℃低温，生长良好，山茱萸较耐阴但又喜充足的光照，通常在山坡中下部地段，阴坡、阳坡、谷地以及河两岸等地均生长良好，一般分布在海拔 400～1 800米的区域，其中 600～1 300米比较适宜。山茱萸宜栽于排水良好，富含有机质、肥沃的沙壤土中。黏土要混入适量河沙，增加排水及透气性能。

在我国，主要产于山西、陕西、甘肃、山东、江苏、浙江、安徽、江西、河南和湖南等省。朝鲜、日本也有分布。生于海拔400～1 500米，少量分布在2 100米的林缘或森林中。四川有引种栽培。分布较为集中地区是河南的伏牛山、浙江的天目山和陕西汉中地区。目前，产量较大能供应市场的主要是河南西峡和内乡两县。

4. 药用价值　秋末冬初果皮变红时采收果实，用文火烘或置沸水中略烫后，及时除去果核，干燥。有时酒制用。果肉呈不规则的片状或囊状，长1～1.5厘米，宽0.5～1厘米。表面紫红色至紫黑色，皱缩，有光泽，肉厚约1毫米，质柔软。气微，味酸、涩、微苦。

化学成分中含莫罗忍冬苷、7-O-甲基莫罗忍冬苷、獐牙菜苷、番木鳖苷、山茱萸鞣质等。性微温，味酸、涩。主要功效为补益肝肾，涩精固脱。用于眩晕耳鸣、腰膝酸痛、阳痿遗精、遗尿尿频、崩漏带下、大汗虚脱、内热消渴。

山茱萸肉含有丰富的营养物质和功能成分，《本草纲目》中把山茱萸列为补血固精、补益肝肾、调气、补虚、明目和强身之药。除供处方调配外，现在更多的是发挥保健功能。

（十三）使君子

1. 基本介绍　使君子，别名留球子、索子果，为使君子科植物使君子的果实（图7-13）。

2. 形态特征　攀缘状灌木，高2～8米；小枝被棕黄色短柔毛。叶对生或近对生，叶片膜质，卵形或椭圆形，长5～11厘米，宽2.5～5.5厘米，先端短渐尖，基部钝圆，表面无毛，背面有时疏被棕色柔毛，侧脉7或8对；叶柄长5～8毫米，无关节，幼时密生锈色柔毛。顶生穗状花序，组成伞房花序式；苞片卵形至线状披针形，被毛；萼管长5～9厘米，被黄色柔毛，先端具广展、外弯、小形的萼齿5枚；花瓣5，长1.8～2.4厘米，宽4～10毫米，先端钝圆，初为白色，后转淡红色；雄蕊10，不突出冠外，外轮着生于花冠基部，内轮着生于萼管中部，花药

图 7-13　使君子

长约 1.5 毫米；子房下位，胚珠 3 颗。果卵形，短尖，长 2.7～4 厘米，径 1.2～2.3 厘米，无毛，具明显的锐棱角 5 条，成熟时外果皮脆薄，呈青黑色或栗色；种子 1 颗，白色，长 2.5 厘米，径约 1 厘米，圆柱状纺锤形。花期初夏，果期秋末。果实橄榄状，黑褐色。花期 5～9 月，果期 6～10 月。

3. 产地分布　生于平地、山坡、路旁等向阳灌丛中，也有栽培。

在我国，主要产于四川、贵州至南岭以南各处，长江中下游以北无野生记录。分布于印度、缅甸至菲律宾。

4. 药用价值　每年秋季果皮变紫黑时采收，除去杂质，干燥。果实椭圆形或卵圆形，具 5 条纵棱，偶有 4～9 棱，长2.5～4 厘米，直径约 2 厘米。表面黑褐色至紫黑色，平滑，微具光泽。顶端狭长，基部钝圆，有明显圆形的果梗痕。质坚硬，横切面多于五角星状，棱角处壳较厚。种子长椭圆形或纺锤形，长约 2 厘米，直径约 1 厘米；表面棕褐色或黑褐色，有多数纵皱纹；种皮薄，易剥离；子叶 2，黄白色，有油性，断面有裂纹。气微香，味微甜。

化学成分主要有使君子氨酸、葫芦巴碱、Ⅰ-脯氨酸、Ⅰ-天冬素等。主要功效为杀虫消积。用于蛔虫病、蛲虫病、虫积腹痛和小儿疳积。

（1）使君子配伍鸡内金、白术：使君子消疳化积；鸡内金运脾消食；白术健脾益气。三药共用有消疳化积、健脾益气之功效，用于治疗小儿疳积、纳呆属脾虚者。

（2）使君子配伍芦荟：使君子味甘性温，杀虫、消积、健脾；芦荟味苦性寒清热、通便、杀虫。二者合用其杀虫之功效更著，并能泄热消积、驱逐肠虫用于治疗虫积腹痛、热壅便秘、小儿疳积发热、消化不良等症。

（3）使君子配伍芒硝：使君子杀虫；芒硝泻下通便。二者合用有杀虫通便之功效，临床用于驱杀蛔虫。

（十四）吴茱萸

1. 基本介绍　吴茱萸别名吴萸、茶辣、漆辣子、臭辣子树、左力纯幽子和米辣子等。通常分大花吴茱萸、中花吴茱萸和小花吴茱萸等几个品种（图 7-14）。

图 7-14　吴茱萸

吴茱萸源于《本经》："主温中下气，止痛，咳逆寒热，除湿，血痹，逐风邪，开腠理。"《本草纲目》："开郁化滞，治吞酸，厥阴痰涎头痛，阴毒腹痛，疝气血痢，喉舌口疮。"其性热味苦辛，有散寒止痛、降逆止呕之功，用于治疗肝胃虚寒、阴浊上逆所致的头痛或胃脘疼痛等症。

2. 形态特征 小乔木或灌木，高 3～5 米，嫩枝暗紫红色，与嫩芽同被灰黄或红锈色绒毛，或疏短毛。

叶有小叶 5～11 片，小叶薄至厚纸质，卵形，椭圆形或披针形，长 6～18 厘米，宽 3～7 厘米，叶轴下部的较小，两侧对称或一侧的基部稍偏斜，边全缘或浅波浪状，小叶两面及叶轴被长柔毛，毛密如毡状，或仅中脉两侧被短毛，油点大且多。

花序顶生；雄花序的花彼此疏离，雌花序的花密集或疏离；萼片及花瓣均 5 片，偶有 4 片，镊合排列；雄花花瓣长 3～4 毫米，腹面被疏长毛，退化雌蕊 4～5 深裂，下部及花丝均被白色长柔毛，雄蕊伸出花瓣之上；雌花花瓣长 4～5 毫米，腹面被毛，退化雄蕊鳞片状或短线状或兼有细小的不育花药，子房及花柱下部被疏长毛。果序宽 3～12 厘米，果密集或疏离，暗紫红色，有大油点，每分果瓣有 1 种子；种子近圆球形，一端钝尖，腹面略平坦，长 4～5 毫米，褐黑色，有光泽。花期 4～6 月，果期 8～11 月。

3. 产地分布 生于平地至海拔1 500米山地疏林或灌木丛中，多见于向阳坡地。各地有小或大量栽种。吴茱萸对土壤要求不严，一般山坡地、平原、房前屋后、路旁均可种植。中性，微碱性或微酸性的土壤都能生长，但做苗床时尤以土层深厚、较肥沃、排水良好的壤土或沙壤土为佳。低洼积水地不宜种植。

在我国，主要产于秦岭以南各地，分布于广东、广西、贵州、云南、四川、陕西、湖南、湖北、福建、浙江、江西等省份，但海南未见有自然分布，曾引进栽培，均生长不良。

4. 药用价值 每年 8～11 月果实尚未开裂时，剪下果枝，晒干或低温干燥，除去枝、叶、果梗等。果实呈五角状扁球形，直径 2～5 毫米。表面暗黄绿色至褐色，粗糙，有点状突起或凹下的油点。顶端有五角星状的裂隙，基部残留被有黄色茸毛的果梗。质硬而脆。气芳香浓郁，味辛辣而苦。

主要化学成分有吴茱萸碱、吴茱萸次碱、羟基吴茱萸碱、柠檬内酯、辛弗林、吴茱萸烯等。性热，味辛、苦。主要功效为散寒止痛，降逆止呕，助阳止泻。用于头痛、疝痛、脚气、痛经、脘腹胀痛、呕吐吞酸、口疮。

（十五）蒲公英

1. 基本介绍　蒲公英，在江南被称作华花郎。属菊科，是一种多年生草本植物。头状花序，种子上有白色冠毛结成的绒球，花开后随风飘到新的地方孕育新生命（图 7-15）。

图 7-15　蒲公英

2. 形态特征　多年生草本。根圆柱状，黑褐色，粗壮。叶倒卵状披针形、倒披针形或长圆状披针形，长 4～20 厘米，宽 1～5 厘米，先端钝或急尖，边缘有时具波状齿或羽状深裂，有时倒向羽状深裂或大头羽状深裂，顶端裂片较大，三角形或三角状戟形，全缘或具齿，每侧裂片3～5片，裂片三角形或三角状披针形，通常具齿，平展或倒向，裂片间常夹生小齿，基部渐狭成叶柄，叶柄及主脉常带红紫色，疏被蛛丝状白色柔毛或几无毛。花葶1至数个，与叶等长或稍长，高10～25厘米，上部紫红色，密被蛛丝状白色长柔毛；头状花序直径30～40毫米；总苞钟状，长12～14毫米，淡绿色；总苞片2～3层，外层总苞片卵状披针形或披针形，长8～10毫米，宽1～2毫米，边缘宽膜质，基部淡绿色，上部紫红色，先端增厚或具小到中等的角状突起；内层总苞片线状披针形，长10～16毫米，宽2～3毫米，先端紫红色，具小角状突起；舌状花黄色，舌片长约8毫米，宽约1.5毫米，边缘花舌片背面具紫红色条纹，花药和柱头暗绿色。瘦果倒卵状披针形，暗褐色，长4～5毫米，宽1～1.5毫米，上部具小刺，下部具成行排列的小瘤，顶端逐渐收缩为长1毫米的圆锥至圆柱形喙基，喙长6～10毫米，纤细；冠毛白色，长约6毫米。花期4～9月，果期5～10月。蒲公英属菊科多年生草本植物。头状花序，种子上有白色冠毛结成的绒球，花开后随风飘到新的地方孕育新生命。

3. 产地分布 全国大部分地区均产，主产于山西、河北、山东及东北各省。广泛生于中低海拔地区的山坡草地、路边、田野和河滩。朝鲜、蒙古和俄罗斯也有分布。

4. 药用价值 春季至秋季花初开时采挖，除去杂质，洗净，晒干。本品呈皱缩卷曲的团块。气微，味微苦。

蒲公英全草含蒲公英甾醇、胆碱、菊糖和果胶等。蒲公英的根中含蒲公英醇、蒲公英赛醇、蒲公英甾醇、β-香树脂醇、豆甾醇、β-谷甾醇、胆碱、有机酸、果糖、蔗糖、葡萄糖、葡萄糖苷以及树脂、橡胶等。叶含叶黄素、蝴蝶梅黄素、叶绿醌、维生素C和维生素D。花中含山金车二醇、叶黄素和毛茛黄素。花粉中含β-谷甾醇、叶酸和维生素C等。绿色花萼中含叶绿醌。花茎中含β-谷甾醇和β-香树脂醇。

主要功效为清热解毒、消肿散结、利尿通淋。用于疔疮肿毒、乳痈、瘰疬、目赤、咽痛、肺痈、肠痈、湿热黄疸、热淋涩痛。

(十六)人参

1. 基本介绍 人参，别名黄参、棒槌、血参、人衔、鬼盖、神草、土精、地精、海腴和皱面还丹，为五加科人参属多年生草本植物的干燥根。栽培者称为园参，野生者称为山参。多于秋季采挖，洗净。园参经晒干或烘干，称为生晒参；经蒸制后烘干或晒干，称为红参；将支根及须根切下后经蒸制、干燥，称红参须。山参经晒干，称生晒山参（图 7-16)。

图 7-16 人 参

2. 形态特征 多年生草本；根状茎（芦头）短，直立或斜上，不增厚成块状。主根肥大，纺锤形或圆柱形。地上茎单生，高 30～60 厘米，有纵纹，无毛，基部有宿存鳞片。叶为掌状复叶，3～6 枚轮生茎顶，幼株的叶数较少；叶柄长 3～8 厘米，有纵纹，无毛，基部无托叶；小叶片 3～5，幼株常为 3，薄膜质，中央小叶片椭圆形至长圆状椭圆形，长 8～12 厘米，宽 3～5 厘米，最外一对侧生小叶片卵形或菱状卵形，长 2～4 厘米，宽 1.5～3 厘米，先端长渐尖，基部阔楔形，下延，边缘有锯齿，齿有刺尖，上面散生少数刚毛，刚毛长约 1 毫米，下面无毛，侧脉 5～6 对，两面明显，网脉不明显；小叶柄长 0.5～2.5 厘米，侧生者较短。伞形花序单个顶生，直径约 1.5 厘米，有花 30～50 朵，稀 5～6 朵；总花梗通常较叶长，长 15～30 厘米，有纵纹；花梗丝状，长 0.8～1.5 厘米；花淡黄绿色；萼无毛，边缘有 5 个三角形小齿；花瓣 5，卵状三角形；雄蕊 5，花丝短；子房 2 室；花柱 2，离生。果实扁球形，鲜红色，长 4～5 毫米，宽 6～7 毫米。种子肾形，乳白色。

（1）生晒参：主根呈纺锤形或圆柱形，长 3～15 厘米，直径 1～2 厘米。表面灰黄色，上部或全体有疏浅断续的粗横纹及明显的纵皱，下部有支根 2～3 条，并着生多数细长的须根（全须生晒参），须根上常有不明显的细小疣状突起。在加工时也有将支根下部连多数细长的须根切除（非全须生晒参）。根茎（俗称芦头）长 1～4 厘米，直径 0.3～1.3 厘米，多拘挛而弯曲，具不定根（俗称艼）和稀疏的凹窝状茎痕（俗称芦碗）。质较硬，断面淡黄白色，显粉性，形成层环纹棕黄色，皮部有黄棕色的点状树脂道及放射状裂隙。气香特异，味微苦、甘。

（2）红参：主根长 3～10 厘米，表面红棕色，半透明，偶有不透明的暗褐色斑块，具纵沟、皱纹及细根痕。上部可见环纹，下部具 2～3 条支根。根茎长 1～2 厘米，上有数个凹窝状茎痕，不定根均已切除。质硬而脆，断面平坦，角质样。气微香而特异，味甘微苦。

（3）红参须（红直须）：是将切下的支根及须根经蒸制加工而成。表面红棕色，角质状，半透明，一般扎成小把。

（4）生晒山参：根茎（芦头）细长，上部具密集的茎痕（芦碗)，不定根较粗。主根粗短，多具 2 个支根而呈“人”字形叉开。表面灰黄色，上端有细密而深陷的环状横纹。支根下有多数细而长的支根及须根，须根上有明显的疣状突起（习称珍珠点）。

3. 产地分布　人参多生长在北纬 40°～45°，东经 117.5°～134°，在我国多分布于辽宁东部、吉林东部和黑龙江东部，现吉林、辽宁栽培甚多，河北、山西有引种。朝鲜和日本也有分布栽培。

4. 药用价值　自古以来拥有“百草之王”的美誉，更被东方医学界誉为“滋阴补生，扶正固本”之极品。人参中主要含人参皂苷 Rg1、Rb1 等 30 多种人参皂苷、α-人参烯等挥发油、人参酸等有机酸、人参黄酮苷等黄酮以及木脂素、甾醇、氨基酸、多糖等。其中，人参皂苷及多糖等为主要有效成分。

主要功效为大补元气，复脉固脱，补脾益肺，生津止渴，安神益智。用于治疗体虚欲脱，肢冷脉微，脾虚食少，肺虚喘咳，津伤口渴，内热消渴，久病虚羸，惊悸失眠，阳痿宫冷以及心力衰竭、心原性休克等症。

（十七）山楂

1. 基本介绍　山楂，又名山里红，蔷薇科山楂属。核果类水果，核质硬，果肉薄，味微酸涩。果可生吃或做果酱果糕；干制后入药，有健胃、消积化滞和舒气散瘀之效；是我国特有的药果兼用树种（图 7-17）。

2. 形态特征　落叶乔木，高达 6 米，树皮粗糙，暗灰色或灰褐色；刺长 1～2 厘米，有时无刺；小枝圆柱形，当年生枝紫褐色，无毛或近于无毛，疏生皮孔，老枝灰褐色；冬芽三角卵形，先端圆钝，无毛，紫色。

叶片宽卵形或三角状卵形，稀菱状卵形，长 5～10 厘米，宽 4～7.5 厘米，先端短渐尖，基部截形至宽楔形，通常两侧各有 3～5 羽状深裂片，裂片卵状披针形或带形，先端短渐尖，边缘

图 7-17　山　楂

有尖锐稀疏不规则重锯齿，上面暗绿色有光泽，下面沿叶脉有疏生短柔毛或在脉腋有髯毛，侧脉 6～10 对，有的达到裂片先端，有的达到裂片分裂处；叶柄长 2～6 厘米，无毛；托叶草质，镰形，边缘有锯齿。

伞房花序具多花，直径 4～6 厘米，总花梗和花梗均被柔毛，花后脱落，减少，花梗长 4～7 毫米；苞片膜质，线状披针形，长 6～8 毫米，先端渐尖，边缘具腺齿，早落；花直径约 1.5 厘米；萼筒钟状，长 4～5 毫米，外面密被灰白色柔毛；萼片三角卵形至披针形，先端渐尖，全缘，约与萼筒等长，内外两面均无毛，或在内面顶端有髯毛；花瓣倒卵形或近圆形，长 7～8 毫米，宽 5～6 毫米，白色；雄蕊 20，短于花瓣，花药粉红色；花柱 3～5，基部被柔毛，柱头头状。果实近球形或梨形，直径 1～1.5 厘米，深红色，有浅色斑点；小核 3～5，外面稍具稜，内面两侧平滑；萼片脱落很迟，先端留一圆形深洼。花期 5～6 月，果期 9～10 月。

3. 产地分布　山楂树稍耐阴。耐寒，耐干燥。耐贫瘠，但以在排水良好、湿润的微酸性沙质壤土上生长最好，根系发达。多分布在 20～60 厘米的土壤表层。山楂树一般生长适应能力强，抗洪涝能力超强。树冠整齐，枝叶繁茂，容易栽培，病虫害少，花果鲜美可爱，因而也是田旁、宅园绿化的良好观赏树种。

山楂原产中国、朝鲜和俄罗斯西伯利亚。山楂栽培以我国为最盛。在我国，很多省份都有山楂属植物分布，以华北、东北各省最多，主要产区有辽宁省的辽阳、开源，山东省的青州、泰安、莱芜、平邑，河北省的兴隆、青龙、遵化、抚宁、涞水，山西省的晋城，河南省的林县、辉县，北京市的房山，天津市的蓟县。

4. 药用价值　每年秋季果实成熟时采收，切片，晒干。为圆形片，皱缩不平，直径 1～2.5 厘米，厚 0.2～0.4 厘米。外皮红色，具皱纹，有灰白小斑点。果肉深黄至浅棕色，中部横切片具 5 粒淡黄色果核，果核常脱落而中空。有的片上可见短而细的果梗或花萼残迹。气微清香，味酸、味甜。

果实含山楂酸、酒石酸、柠檬酸、黄酮类、内酯、糖类、苷类、钙、铁和维生素 C 等。主要功效为消食健脾、行气散瘀。用于肉食积滞，胃脘涨满，泻痢腹痛，瘀血经闭，产后瘀阻，心腹刺痛，疝气作痛及高血脂症。

山楂具有降血脂、降血压、强心和抗心律不齐等作用，同时，山楂也是健脾开胃、消食化滞和活血化瘀的良药。对胸膈脾满、疝气、血瘀和闭经等症有很好的疗效。山楂内的黄酮类化合物牡荆素，是一种抗癌作用较强的药物，山楂提取物对癌细胞体内生长、增殖和浸润转移均有一定的抑制作用。

山楂能防治心血管疾病，具有扩张血管、强心、增加冠脉血流量、改善心脏活力、兴奋中枢神经系统、降低血压和胆固醇、软化血管及利尿和镇静作用；防治动脉硬化，防衰老、抗癌的作用。山楂酸还有强心作用，对老年性心脏病也有益处。它能开胃消食，特别对消肉食积滞作用更好，很多助消化的药都采用了山楂；山楂对子宫有收缩作用，在孕妇临产时有催生之效，并能促进产后子宫复原；能增强机体的免疫力，有防衰老、抗癌的作用。山楂中有平喘化痰、抑制细菌和治疗腹痛腹泻的成分。

(十八) 山药

1. 基本介绍 山药即薯蓣。在河北等地又被称为麻山药。多年生草本植物，茎蔓生，常带紫色，块根圆柱形，叶子对生，卵形或椭圆形，花乳白色，雌雄异株。块根含淀粉和蛋白质，可以食用（图 7-18）。

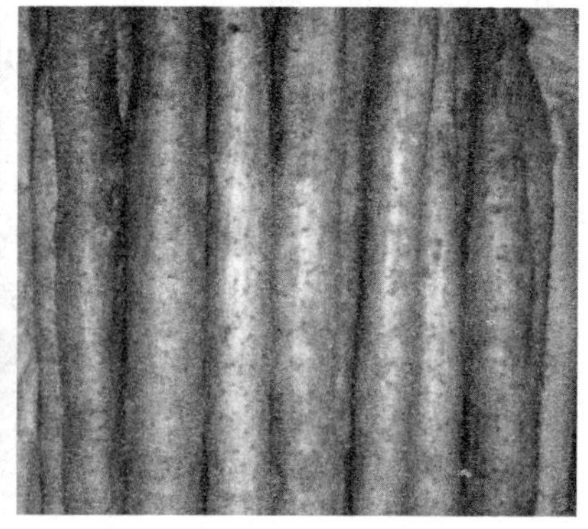

图 7-18 山 药

2. 形态特征 缠绕草质藤本。块茎长圆柱形，垂直生长，长可达 1 米多，断面干时白色。茎通常带紫红色，右旋，无毛。单叶，在茎下部的互生，中部以上的对生，很少 3 叶轮生；叶片变异大，卵状三角形至宽卵形或戟形，长 3～16 厘米，宽 2～14 厘米，顶端渐尖，基部深心形、宽心形或近截形，边缘常 3 浅裂至 3 深裂，中裂片卵状椭圆形至披针形，侧裂片耳状，圆形、近方形至长圆形；幼苗时一般叶片为宽卵形或卵圆形，基部深心形。叶腋内常有珠芽。雌雄异株。雄花序为穗状花序，长 2～8 厘米，近直立，2～8 个着生于叶腋，偶尔呈圆锥状排列；花序轴明显地呈“之”字状曲折；苞片和花被片有紫褐色斑点；雄花的外轮花被片为宽卵形，内轮卵形，较小；雄蕊 6。雌花序为穗状花序，1～3 个着生于叶腋。蒴果不反折，三棱状扁圆形或三棱状圆形，长 1.2～2 厘米，宽 1.5～3 厘米，外面有白粉；种子着生于每室中轴中部，四周有膜质翅。花期 6～9 月，果期 7～11 月。

3. 产地分布 主产于河南，湖南、江西、广东和广西等省份也有分布，均为栽培品。

4. 药用价值 山药为薯蓣科植物薯蓣的干燥根茎。冬季茎叶枯萎后采挖，切去根头，洗净，除去外皮及须根，用硫黄熏后，干燥；也有选择肥大顺直的干燥山药，置清水中，浸至无干心，闷透，用硫黄熏后，切齐两端，用木版搓成圆柱状，晒干，打光，习称“光山药”。

山药中富含淀粉、黏液质、胆碱、糖蛋白、多酚氧化酶和维生素 C 等。主要功效为补脾养胃、生津益肺和补肾涩精。用于脾虚食少，久泻不止，肺虚喘咳，肾虚遗精，带下，尿频，虚热消渴。麸炒山药补脾健胃，用于脾虚食少、泄泻便溏、白带过多。

（1）健脾益胃、助消化。山药含有淀粉酶、多酚氧化酶等物质，有利于脾胃消化吸收功能，是一味平补脾胃的药食两用之品。不论脾阳亏或胃阴虚，皆可食用。临床上常与胃肠饮同用治脾胃虚弱、食少体倦和泄泻等病症。

（2）滋肾益精。山药含有多种营养素，有强健机体、滋肾益精的作用。大凡肾亏遗精，妇女白带多、小便频数等症，皆可服之。

（3）益肺止咳。山药含有皂苷、黏液质，有润滑、滋润的作用，故可益肺气，养肺阴，治疗肺虚痰嗽久咳之症。

（4）降低血糖。山药含有黏液蛋白，有降低血糖的作用，可用于治疗糖尿病，是糖尿病人的食疗佳品。

（5）延年益寿。山药含有大量的黏液蛋白、维生素及微量元素，能有效阻止血脂在血管壁的沉淀，预防心血疾病，有益志安神、延年益寿的功效。

（十九）石决明

1. 基本介绍 石决明，为鲍科动物杂色鲍、皱纹盘鲍、耳鲍、羊鲍等的贝壳。又名真珠母（《雷公炮炙论》）、鳆鱼甲（《本草经集注》）、九孔螺（《日华子本草》）、千里光（《纲目》）、真海决、海决明、关海决、鲍鱼壳、九孔石决明（《药材学》）、鲍鱼皮（《山东中药手册》）、金蛤蜊皮（《山东中草药》）。有平肝清热，明目去翳的功效（图 7-19）。

图 7-19 石决明

2. 形态特征

（1）杂色鲍：呈长卵圆形，内面观略呈耳形，长 7～9 厘米，宽 5～6 厘米，高约 2 厘米。表面暗红色，有多数不规则的螺肋和细密生长线，螺旋部小，体螺部大，从螺旋部顶处开始向右排列有 20 余个疣状突起，末端 6～9 个开孔，孔口与壳面平。内面光滑，具珍珠样彩色光泽。壳较厚，质坚硬，不易破碎。无臭，味微咸。

（2）皱纹盘鲍：呈长椭圆形，长 8～12 厘米，宽 6～8 厘米，高 2～3 厘米。表面灰棕色，有多素粗糙而不规则的皱纹，生长线明显，常有苔藓类或石灰虫等附着物，末端4～5个开孔，孔口突出壳面，壳较薄。

（3）羊鲍：近圆形，长4～8厘米，宽2.5～6厘米，高0.8～2厘米。壳顶位于近中部而高于壳面，螺旋与体螺部各占1/2，从螺旋部边缘有2行整齐的突起，尤以上部较为明显，末端4～5个开孔，呈管状。

（4）澳洲鲍：呈扁平卵圆形，长13～17厘米，宽11～14厘米，高3.5～6厘米。表面砖红色，螺旋部约为壳面的1/2，螺肋和生长线呈波状隆起，疣状突起30余个，末端7～9个开孔，孔口突出壳面。

（5）耳鲍：狭长，略扭曲，呈耳状，长5～8厘米，宽2.5～3.5厘米，高约1厘米。表面光滑，具翠绿色、紫色及褐色等多种颜色形成的斑纹，螺旋部小，体螺部大，末端5～7个开孔，孔口与壳平，多为椭圆形，壳薄，质较脆。

（6）白鲍：呈卵圆形，长11～14厘米，宽8.5～11厘米，高3～6.5厘米。表面砖红色，光滑，壳顶高于壳面，生长线颇为明显，螺旋部约为壳面的1/3，疣状突起30余个，末端9个开孔，孔口与壳平。

3. 产地分布　杂色鲍主要分布于我国东海南部和南海。皱纹盘鲍主要分布于辽宁、山东沿海。羊鲍主要分布于我国南海东沙群岛和西沙群岛的海域。

4. 药用价值　夏、秋两季捕捉，去肉，洗净，干燥。

石决明含碳酸钙、胆素及壳角质和多种氨基酸；盘大鲍的贝壳含碳酸钙90%以上，有机质约3.67%，尚含少量镁、铁、硅酸盐、硫酸盐、磷酸盐、氯化物和极微量的碘。主要功效为平肝潜阳、清肝明目。用于头痛头晕、目赤翳障、视物昏花、青盲雀目等。

（二十）麝香

1. 基本介绍　鹿科林麝、马麝或原麝的成熟雄体香囊中的干燥分泌物（图 7-20）。野麝多在冬季至次春猎取，割取囊壳，习称“毛壳麝香”；剖开香囊，除去囊壳，习称“麝香仁”。人工养麝一般直接从香囊中取出麝香仁，可以多次获取，阴干或用干燥器密闭干燥。

图 7-20 麝 香

2. 形态特征

（1）毛壳麝香。为扁圆形或椭圆形的囊状体，直径 3～7 厘米，厚2～4 厘米。开口面的皮革质，棕褐色，略平，密生白色或灰棕色短毛，从两侧围绕中心排列，中间有一小囊孔。另一面（即割下的一面）为棕褐色略带紫色的皮膜，微皱缩，偶显肌肉纤维，略有弹性。剖开后，可见中层皮膜呈棕褐色或灰褐色，半透明；内层皮膜呈棕色；内含颗粒状、粉末状的麝香仁和少量细毛及脱落的内层皮膜，习称“银皮”。

（2）麝香仁。野生者质软，油润，疏松。其中，颗粒状者习称“当门子”，呈不规则圆球形或颗粒状，表面多呈紫黑色，油润光亮，微有麻纹；断面深棕或黄棕色。粉末状者多呈棕褐或黄棕色，并有少量脱落的内层皮膜和细毛。人工饲养所取麝香仁呈颗粒状、短条形或不规则团块，表面不平，紫黑或深棕色，显油性，微有光泽，并有少量毛和脱落的内层皮膜。气香浓烈而特异，味微辣、微苦带咸。

3. 产地分布 主产西藏、四川和云南等省份。陕西、甘肃、青海、新疆、内蒙古以及东北等省份也有分布。

4. 药用价值　麝香中主要含有麝香酮0.5%～5%，尚含雄素酮、5β-雄素酮、胆甾醇物质、氨基酸、脂肪和蛋白质等，此外还含钾、钠、钙、镁、铝、铅、氯、硫酸盐、磷酸盐和碳酸铵以及尿囊素、尿素、纤维素等。主要功效为开窍醒神，活血通经，消肿止痛，用于热病神昏，中风痰厥，气郁暴厥，中恶昏迷，经闭癥瘕，难产死胎，心腹暴痛，痈肿瘰疬，咽喉肿痛，跌扑伤痛，痹痛麻木。

（二十一）半夏

1. 基本介绍　半夏，天南星科药用植物，药用部位为块茎（图7-21）。于夏秋两季茎叶茂盛时采挖，除去外皮及须根，晒干或烘干，即为生半夏。因其毒性较大，多炮制后使用，依炮制方法不同，分法半夏、姜半夏、清半夏等。其味辛，性温，有毒；归脾、胃、肺经。功能燥湿化痰，和中健胃，降逆止呕，消痞散结，外用可消肿止痛。

2. 形态特征　块茎圆球形，直径1～2厘米，具须根。叶2～5枚，有时1枚。叶柄长15～20厘米，基部具鞘，鞘内、鞘部以上或叶片基部（叶柄顶头）有直径3～5毫米的珠芽，珠芽在母株上萌发或落地后萌发；幼苗叶片卵状心形至戟形，为全缘单叶，长2～3厘米，宽2～2.5厘米；老株叶片3全裂，裂片绿色，背淡，长圆状椭圆形或披针形，两头锐尖，中裂片长3～10厘米，宽1～3厘米；侧裂片稍短；全缘或具不明显的浅波状圆齿，侧脉8～10对，细弱，细脉网状，密集，集合脉2圈。花序柄长25～35厘米，长于叶柄。佛焰苞绿色或绿白色，管部狭圆柱形，长1.5～2厘米；檐部长圆形，绿色，有时边缘青紫色，长4～5厘米，宽1.5厘米，钝或锐尖。肉穗花序：雌花序长2厘米，雄花序长5～7毫米，其中间隔3毫米；附属器绿色变青紫色，长6～10厘米，直立，有时“S”形弯曲。浆果卵圆形，黄绿色，先端渐狭为明显的花柱。花期5～7月，果8月成熟。

图 7-21　半　夏

3. 产地分布　除内蒙古、新疆、青海和西藏尚未发现野生的外，我国各地广布，海拔2 500米以下，常见于草坡、荒地、玉米地、田边或疏林下，为旱地中的杂草之一。朝鲜、日本也有分布。

4. 药用价值　每年夏秋两季采挖，洗净，除去外皮及须根，晒干。依据临床用药需要，进一步加工为清半夏、姜半夏、法半夏等。①清半夏加工法是：取净生半夏大小分开，用8%白矾溶液浸泡，至内无干心，口尝微有麻舌感，取出，洗净，切厚片，晒干（每100千克半夏用白矾20千克）。②姜半夏的加工法是：取净半夏大小分开，用水浸泡至内无干心时，另取生姜片切片煎汤，加白矾与半夏共煮透，取出，晾至半干，切薄片，干燥。

（每 100 千克半夏用生姜 25 千克，白矾 12.5 千克）。③法办夏的加工法是：取净半夏大小分开，用水浸泡至内无干心，取出。另取甘草适量，加水煎煮二次，合并煎液，倒入适量水制成的石灰液中，搅拌，加入上述已浸透的半夏，浸泡，每日搅拌 1～2 次，并保持浸液 pH 在 12 以上，至剖面黄色均匀，口尝微有麻舌感时，取出，洗净，阴干或烘干。

半夏中主要含β-谷甾醇及其葡萄糖苷、黑尿酸（又称高龙胆酸）及天门冬氨酸、谷氨酸、精氨酸、β-氨基丁酸等氨基酸。另含胆碱、原儿茶醛、微量挥发油及微量麻黄碱（0.002%）。主要功效为燥湿化痰，降逆止呕，消痞散结。用于痰多咳喘，痰饮眩悸，风痰眩晕，痰厥头痛，呕吐反胃，胸脘痞闷，梅咳气症；生用外治痈肿痰咳。

（二十二）板蓝根

1. 基本介绍　板蓝根，别名靛青根、蓝靛根、大青根，是一种中药材。我国各地均产，板蓝根分为北板蓝根和南板蓝根，北板蓝根来源为十字花科植物菘蓝和草大青的根，南板蓝根为爵床科植物马蓝的根茎及根（图 7-22）。具有清热解毒、预防感冒、利咽之功效。

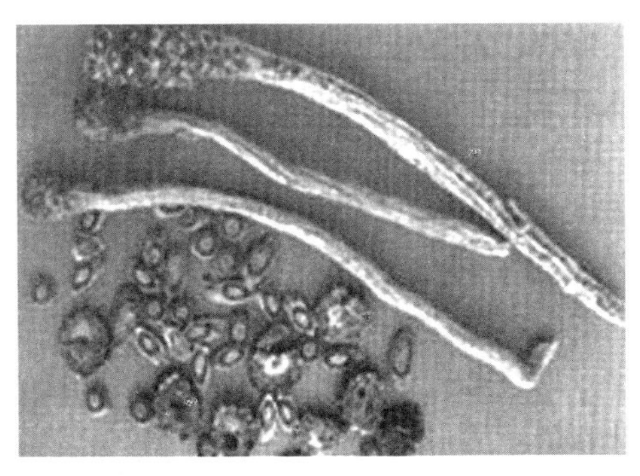

图 7-22　板蓝根

2. 形态特征 二年生草本，植株高50～100厘米。光滑被粉霜。根肥厚，近圆锥形，直径2～3厘米，长20～30厘米，表面土黄色，具短横纹及少数须根。基生叶莲座状，叶片长圆形至宽倒披针形，长5～15厘米，宽1.5～4厘米，先端钝尖，边缘全缘，或稍具浅波齿，有圆形叶耳或不明显；茎顶部叶宽条形，全缘，无柄。总状花序顶生或腋生，在枝顶组成圆锥状；萼片4，宽卵形或宽披针形，长2～3毫米；花瓣4，黄色，宽楔形，长3～4毫米，先端近平截，边缘全缘，基部具不明显短爪；雄蕊6，4长2短，长雄蕊长3～3.2毫米，短雄蕊长2～2.2毫米；雌蕊1，子房近圆柱形，花柱界限不明显，柱头平截。短角果近长圆形，扁平，无毛，边缘具膜质翅，尤以两端的翅较宽，果瓣具中脉。种子1颗，长圆形，淡褐色。花期4～5月，果期5～6月。

3. 产地分布 板蓝根对气候和土壤条件适应性很强，耐严寒，喜温暖，但怕水渍板，我国长江流域和广大北方地区均能正常生长。河北、江苏、河南、安徽、陕西、甘肃和黑龙江等地均有栽培。

4. 药用价值 板蓝根正常生长发育过程必须经过冬季低温阶段，方能开花结籽，故生产上就利用这一特性，采取春播或夏播，当年收割叶子和挖取其根，种植时间为5～7个月。板蓝根呈圆柱形，稍扭曲，长10～20厘米，直径0.5～1厘米。表面淡灰黄色或淡棕黄色，有纵皱纹及横生皮孔，并有支根或支根痕。可见暗绿色或暗棕色轮状排列的叶柄残基和密集的疣状突起。体实，质略软，断面皮部黄白色，木部黄色。气微，味微甜后苦涩。

主要化学成分有无色油状液体1-硫氰酸-2-羟基-3-丁烯、腺苷、棕榈酸、β-谷甾醇、蔗糖、靛蓝、靛玉红及精氨酸等。主要功效为清热解毒，凉血利咽。用于治疗温毒发斑，高热头痛，大头瘟疫，舌绛紫暗，烂喉丹痧；丹毒，痄腮，喉痹，疮肿，痈肿；水痘，麻疹；肝炎，流行性感冒，流脑，乙脑，肺炎；神昏吐衄，咽肿，火眼，疮疹；可防治流行性乙型脑炎、急慢性肝炎、流行性腮腺炎和骨髓炎。

（二十三）川芎

1. 基本介绍　川芎为多年生草本，高 40～60 厘米，根茎发达，形成不规则的结节状拳形团块，具浓烈香气（图 7-23）。花期 7～8 月，幼果期 9～10 月。

图 7-23　川　芎

2. 形态特征　多年生草本，高 40～60 厘米。根茎发达，形成不规则的结节状拳形团块，具浓烈香气。茎直立，圆柱形，具纵条纹，上部多分枝，下部茎节膨大呈盘状（苓子）。茎下部叶具柄，柄长 3～10 厘米，基部扩大成鞘；叶片轮廓卵状三角形，长 12～15 厘米，宽 10～15 厘米，3～4 回三出式羽状全裂，羽片 4～5 对，卵状披针形，长 6～7 厘米，宽 5～6 厘米，末回裂片线状披针形至长卵形，长 2～5 毫米，宽 1～2 毫米，具小尖头；茎上部叶渐简化。

复伞形花序顶生或侧生；总苞片 3～6，线形，长 0.5～2.5 厘米；伞辐 7～24，不等长，长 2～4 厘米，内侧粗糙；小总苞片 4～8，线形，长 3～5 毫米，粗糙；萼齿不发育；花瓣白色，倒卵形至心形，长 1.5～2 毫米，先端具内折小尖头；花柱基圆锥状，花柱2，长2～3毫米，向下反曲。幼果两侧扁压，长2～3毫米，宽约1毫米；背棱槽内油管1～5，侧棱槽内油管2～3，合生面油管6～8。花期7～8月，幼果期9～10月。

3. 产地分布 川芎原产于川、滇、黔等四季不甚分明、气候较为温和的地区。适应于温和气候环境，对高温和低温都非常敏感。

在我国主要产于四川，在云南、贵州、广西、湖北、江西、浙江、江苏、陕西、甘肃、内蒙古和河北等省份均有栽培。

4. 药用价值 药材选自川芎的干燥根茎。夏季当茎上的节盘显著突出，并略带紫色时采挖，除去泥沙，晒后烘干，除去须根。根茎为不规则结节状拳形团块，直径2～7厘米。表面黄褐色，粗糙皱缩，有多数平行隆起的轮节，顶端有凹陷的类圆形茎痕，下侧及轮节上有多数小瘤状根痕。质坚实，不易折断。横切面黄白或灰黄色，散有黄棕色的油室，形成层呈波状环纹。气浓香，味苦、辛，稍有麻舌感，微回甜。

川穹主要含挥发油约1%。生物碱有川芎嗪、L-异亮氨酰-L-缬氨酸酐等；酚类有川芎酚、阿魏酸、大黄酚、瑟丹酸、棕榈酸和香荚兰醛等。主要功效为活血行气，祛风止痛。用于月经不调，经闭痛经，癥瘕腹痛，胸胁刺痛，跌扑肿痛，头痛，风湿痹痛。

（二十四）当归

1. 基本介绍 当归，别名干归、马尾当归、秦哪、马尾归、云归、西当归、岷当归、金当归、当归身、涵归尾和土当归，多年生草本植物，根可入药，是最常用的中药之一（图7-24）。当归也可用于卤制品配料中，其主要特点是去腥增香、增加肉制品和药香味。

2. 形态特征 多年生草本。高0.4～1米。茎直立，有纵直槽纹，无毛，茎带紫色。基生叶及茎下部叶卵形，2～3回三出或羽状全裂，最终裂片卵形或卵状披针形，3浅裂，叶脉及边缘有白色细毛；叶柄有大叶鞘；茎上部叶羽状分裂。复伞形花序；伞幅9～13；小总苞片2～4；花梗12～36，密生细柔毛；花白色。双悬果椭圆形，侧棱有翅。花果期7～9月。

3. 产地分布　生于高寒多雨山区。主产甘肃、云南和四川。分布于甘肃、宁夏、青海、陕西、湖北、四川、贵州、云南等省份。

4. 药用价值　药材选自当归的干燥根茎。秋末采挖，除去

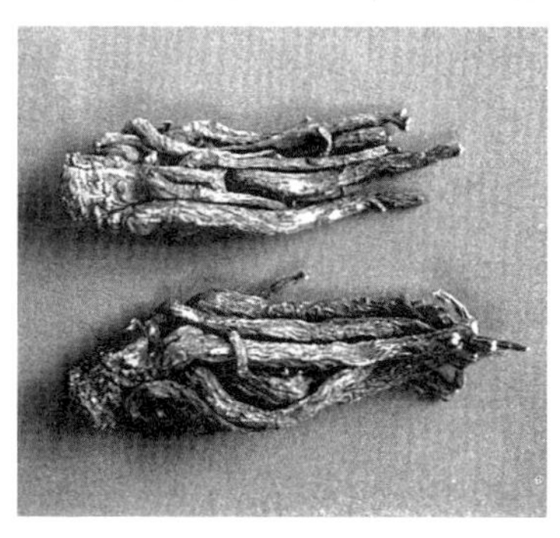

图7-24　当　归

须根及泥土，待水分稍蒸发后，捆成小把，上棚，用烟火慢慢熏干。略呈圆柱形，下部有支根 3～5 条或更多，长 15～25 厘米。表面黄棕至棕褐色，具纵皱纹及横长皮孔。根头（归头）直径 1.5～4 厘米，具环纹，上端圆钝，有紫色或黄绿色的茎及叶鞘残基。主根（归身）表面凹凸不平。支根（归尾）直径 0.3～1 厘米，上粗下细，多扭曲，有少数须根痕。质柔韧，断面黄白或淡黄棕色；皮部厚，有裂隙及众多棕色点状分泌腔；木部色较淡，形成层环黄棕色。有浓郁的当归特有香气，味甘、辛、微苦。

主要化学成分含有挥发油约 0.42%，油中主要藁本内酯约占 47%，正丁烯基酞内酯约占 11.3%，此外尚含倍半萜 A 及倍半萜 B、香荆芥酚、当归芳酮、苯戊酮邻羧酸、苯二甲酸酐、阿魏酸、烟酸、丁二酸、尿嘧啶、蔗糖和氨基酸等，还含微量元素铜和锌。主要功效为补血活血，调经止痛，润肠通便。用于血虚萎黄，眩晕心悸，月经不调，经闭痛经，虚寒腹痛，肠燥便秘，风湿痹痛，跌扑损伤，痈疽疮疡。

（二十五）芦荟

1. 基本介绍 芦荟别名为油葱、象鼻草、罗帏花、乌七，属于百合科，灌木状肉质植物，也称多浆植物。原产于非洲。植株多无茎；叶簇生于基部呈莲座状。有几个种的叶锐尖，带刺；花黄或红色，总状花序，花、叶均美观，可供观赏。有些种的汁液可供制作化妆品、泻药和烫伤药。分布于东半球热带地区，南非尤盛（图 7-25）。

芦荟属一般归于百合科，也有归入独尾草科或芦荟科的，全世界约有 300 种，若加上变种、杂交种则更多。在我国，最常见的芦荟为中国芦荟，是库拉索芦荟的变种。

2. 形态特征 多年生肉质草本。叶簇生，螺旋状排列，直立，肥厚，狭披针形，长 10～20 厘米，宽 1.5～2.5 厘米，厚

图 7-25　芦　荟

5～8 毫米，先端渐尖，边缘有刺状小齿，基部阔而抱茎。花茎单生或分枝，高 60～90 厘米；总状花序疏散；花梗长约 2.5 厘米，黄色或有紫色斑点，具膜质苞片；花被筒状，6 裂，裂片稍向外弯；雄蕊 6，花药 2 室，背着；子房上位，3 室，花柱线形。蒴果三角形，长约 8 毫米。花期 7～8 月。

3. 产地分布　芦荟的品种至少有 300 种以上，其中非洲大陆就有 250 种左右，马达加斯加大约有 40 种，其余 10 种分布在阿拉伯等地。在我国，主要产于广东、广西和福建。

4. 药用价值　药材选自芦荟的叶汁干燥品。于每年夏末秋初将叶自基部切断，收集流出的叶汁，干燥。为不规则团块或破碎的颗粒，棕褐色或墨绿色。质松脆，易碎，破碎面光泽，具玻璃样光泽。有特异臭气，味极苦。

主要化学成分含有叶含芦荟苷、异芦荟苷、β-芦荟苷、芦荟大黄素及芦荟糖苷 A、芦荟糖苷 B 等。性寒，味苦。主要功效为清肝热，通便。用于便秘、小儿疳积、惊风，外治湿癣。

（二十六）鱼腥草

1. 基本介绍 鱼腥草，又名折耳根、截儿根、猪鼻拱、蕺菜、臭菜、侧耳根、臭根草和臭灵丹，在分类学上属双子叶植物三白草科蕺菜属，是一种具有腥味的草本植物（图 7-26）。

2. 形态特征 多年生草本，高 15～50 厘米，有腥臭气。茎下部伏地，生根，上部直立。叶互生，心形或阔卵形，长 3～8 厘米，宽 4～6 厘米，先端渐尖，全缘，有细腺点，脉上稍被柔毛，下面紫红色；叶柄长3～5 厘米；托叶条形，下半部与叶柄合生成鞘状。穗状花序生于茎顶，与叶对生，基部有白色花瓣状苞片 4 枚；花小，无花被，有 1 线状小苞；雄蕊 3，花丝下部与子房合生；心皮 3，下部合生。蒴果卵圆形，顶端开裂。花期 5～8 月，果期 7～10 月。

3. 产地分布 野生于阴湿或水边低地，喜温暖潮湿环境，忌干旱。耐寒，怕强光，在－15℃可越冬。土壤以肥沃的沙质壤土及腐殖质壤土生长最好，不宜于黏土和碱性土壤栽培。

主要产于我国中部、东南至西南部各省区，东起台湾，西南至云南、西藏，北达陕西、甘肃。生于沟边、溪边或林下湿地上。亚洲东部和东南部广布。

图 7-26 鱼腥草

4. 药用价值 药材选自鱼腥草的地上部分。于每年夏秋茎叶茂盛花穗多时采割，除去杂质，晒干。主要化学成分含有挥发油，油中主要为甲基壬酮、鱼腥草素、桂叶烯、辛酸、癸酸；另含槲皮苷、异槲皮苷、金丝桃苷、芸香苷。性微寒，味苦。主要功效为清热解毒，清痈排脓，利尿通淋，用于肺痈吐脓、痰热喘咳、热痢、热淋、痈肿疮毒。

（二十七）枸杞子

1. 基本介绍　枸杞子，别名枸杞、枸杞红实、甜菜子、西枸杞、狗奶子、红青椒和枸蹄子等。枸杞是茄目茄科枸杞属的植物，果实称枸杞子，嫩叶称枸杞头（图7-27）。

2. 形态特征　粗壮灌木，有时成小乔木状，高可达25厘

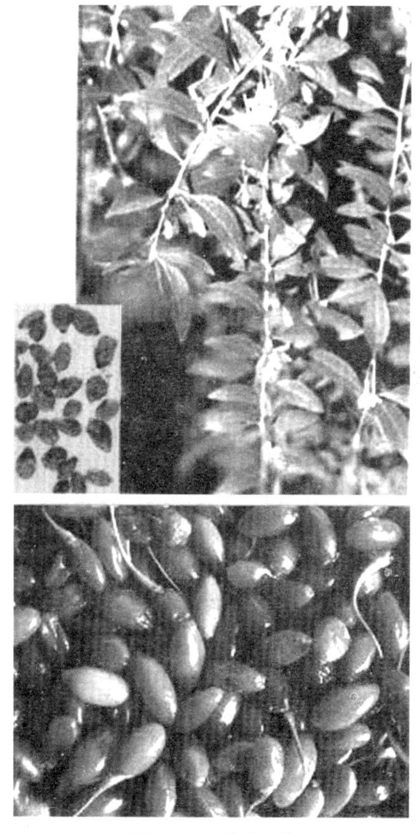

图7-27　枸杞子

米，有棘刺。单叶互生或数片丛生于短枝上，长椭圆形披针形或卵状矩圆形，长 2～3 厘米，宽 2～6 毫米，基部楔形并下延成柄，全缘。花腋生，常 1 朵至数朵簇生于短枝上；花萼杯状；花冠漏斗状，粉红色或紫红色。浆果椭圆形，长 10～20 毫米，直径 5～10 毫米，红色。花期5～9 月，虹期 7～10 月。

3. 产地分布 生于沟崖及山坡或灌溉地埂和水渠边等处。野生和栽培均有。原产我国北部：河北北部、内蒙古、山西北部、陕西北部、甘肃、宁夏、青海，新疆有野生，由于果实入药而栽培，我国中部和南部不少省区也已引种栽培，尤其是宁夏及天津地区栽培多、产量高。现代欧洲及地中海沿岸国家则普遍栽培并成为野生。

4. 药用价值 于每年夏、秋季果实呈橙红色时采收，晾至皮皱后，再曝晒至外皮干硬、果肉柔软，除去果梗。果实椭圆形，长 6～18 毫米，直径 6～8 毫米。表面鲜红色或暗红色，具不规则皱纹，略有光泽，顶端有花柱痕，另端有果梗痕。质柔润，果肉厚，有黏性，内含种子 25～50 粒。种子扁肾形，长至 2.5 毫米，宽至 2 毫米，土黄色。气微、味甜、微酸。

主要化学成分含甜菜碱、玉蜀黍黄素、酸浆红素、枸杞多糖、胡萝卜素、核黄素、烟酸、维生素 C 等。性平，味甘。主要功效为滋补肝肾，益精明目。用于虚劳精亏、腰膝酸痛、眩晕耳鸣、内热消渴、血虚萎黄、目昏不明。

现代药理学研究证实，枸杞子可调节机体免疫功能、能有效抑制肿瘤生长和细胞突变、具有延缓衰老、抗脂肪肝、调节血脂和血糖等方面的作用。并能增强白细胞活性、抑制脂肪在肝细胞内沉积、促进肝细胞新生的作用，对慢性肝炎、中心性视网膜炎、视神经萎缩等疗效显著，还可降血压、降血糖和降血脂。

（二十八）甘草

1. 基本介绍 甘草，别名国老、国老草、蜜草、蜜甘、美草、棒草、甜甘草、甜草、甜草根、甜根子、红甘草、粉甘草、粉草、蕗草、灵通、主人、大嗽和偷蜜珊瑚肉等。属双子叶植物豆科甘草属（图7-28）。甘草是临床最常应用的药品之一。

2. 形态特征　多年生草本，高30～100厘米，全株被白色短毛或腺毛。茎直立，稍带木质，小枝有棱角。羽状复叶互生，小叶7～17，卵形或宽卵形。总状花序腋生，花密集；花萼钟形，5裂；花冠蝶形，紫红色或蓝紫色。荚果褐色，弯曲成镰刀状或呈环状。花期6～7月，果期7～9月。

图7-28　甘　草

3. 产地分布　甘草多生长在干旱、半干旱的沙土、沙漠边缘和黄土丘陵地带，在引黄灌区的田野和河滩地里也易于繁殖。它适应性强，抗逆性强。甘草喜光照充足、降水量较少、夏季酷热、冬季严寒以及昼夜温差大的生态环境，具有喜光、耐旱、耐热、耐盐碱和耐寒的特性。适宜在土层深厚、土质疏松和排水良好的沙质土壤中生长。

在亚洲、欧洲、大洋洲、美洲等地都有分布。在我国，主要产于新疆、内蒙古、宁夏、甘肃；家种甘草主产在新疆、内蒙古、甘肃的河西走廊以及陇西的周边、宁夏部分地区。

4. 药用价值　药材选自甘草的根及根茎。于每年春、秋季采挖，除去须根，晒干。根圆柱形，长25～100厘米，直径0.6～3.5厘米。外皮松紧不一。表面红棕色或灰棕色，具纵皱纹、皮孔及细根痕。质坚实，断面略呈纤维性，黄白色。根茎表面有芽痕，断面有髓。气微，味甜而特殊。

甘草含有多种化学成分，主要成分有甘草酸、甘草苷等。甘草的化学组成极为复杂，目前为止，从甘草中分离出的化合物有甘草甜素、甘草次酸、甘草苷、异甘草苷、新甘草苷、新异甘草苷、甘草素、异甘草素以及甘草西定、甘草醇、异甘草醇、7-甲基香豆精和伞形花内酯等数十种化合物，但这些成分和数量通常会随甘草的种类、种植区域和采收时间等因素的不同而异。大量的研究表明，甘草甜素和黄酮类物质是甘草中最重要的生理活性物质，主要存在于甘草根表皮以内的部分。甘草性平，味甘。主要功效为补脾益气、清热解毒、祛痰止咳以及调和诸药。用于脾胃虚弱，倦怠乏力，心悸气短，咳嗽痰多，缓解药物毒性。

（二十九）金银花

1. 基本介绍 金银花，又名忍冬。金银花一名出自《本草纲目》，由于忍冬花初开为白色，后转为黄色，因此得名金银花。金银花为忍冬科忍冬属植物，其药用价值在于忍冬及同属植物干燥花蕾或带初开的花（图 7-29）。

图 7-29 金银花

2. 形态特征 金银花属多年生半常绿缠绕灌木。小枝细长，中空，藤为褐色至赤褐色。卵形叶子对生，枝叶均密生柔毛和腺毛。夏季开花，苞片叶状，唇形花有淡香，外面有柔毛和腺毛，雄蕊和花柱均伸出花冠，花成对生于叶腋，花色初为白色，渐变为黄色，黄白相映，球形浆果，熟时黑色。

金银花幼枝洁红褐色，密被黄褐色、开展的硬直糙毛、腺毛和短柔毛，下部常无毛。叶纸质，卵形至矩圆状卵形，有时卵状披针形、稀圆卵形或倒卵形，极少有 1 个至数个钝缺刻，长 3～5 厘米，顶端尖或渐尖，少有钝、圆或微凹缺，基部圆或近心形，有糙缘毛，上面深绿色，下面淡绿色，小枝上部叶通常两面均密被短糙毛，下部叶常平滑无毛而下面多少带青灰色；叶柄长 4～8 毫米，密被短柔毛。

总花梗通常单生于小枝上部叶腋，与叶柄等长或稍较短，下方者则长达 2～4 厘米，密被短柔后，并夹杂腺毛；苞片大，叶状，卵形至椭圆形，长达 2～3 厘米，两面均有短柔毛或有时近无毛；小苞片顶端圆形或截形，长约 1 毫米，为萼筒的 1/2～4/5，有短糙毛和腺毛；萼筒长约 2 毫米，无毛，萼齿卵状三角形或长三角形，顶端尖而有长毛，外面和边缘都有密毛；花冠白色，有时基部向阳面呈微红，后变黄色，长（2）3～4.5（6）厘米，唇形，筒稍长于唇瓣，很少近等长，外被多少倒生的开展或半开展糙毛和长腺毛，上唇裂片顶端钝形，下唇带状而反曲；雄蕊和花柱均高出花冠。

花蕾呈棒状，上粗下细。外面黄白色或淡绿色，密生短柔毛。花萼细小，黄绿色，先端 5 裂，裂片边缘有毛。开放花朵筒状，先端二唇形，雄蕊 5，附于筒壁，黄色，雌蕊 1，子房无毛。气清香，味淡，微苦。以花蕾未开放、色黄白或绿白、无枝叶杂质者为佳。果实圆形，直径 6～7 毫米，熟时蓝黑色，有光泽；种子卵圆形或椭圆形，褐色，长约 3 毫米，中部有 1 个凸起的脊，两侧有浅的横沟纹。花期 4～6 月（秋季也常开花），果熟期 10～11 月。

3. 产地分布 金银花适应性很强，喜阳、耐阴，耐寒性强，也耐干旱和水湿，对土壤要求不严，但以湿润、肥沃的深厚沙质壤上生长最佳，每年春夏两次发梢。根系繁密发达，萌蘖性强，茎蔓着地即能生根。喜阳光和温和、湿润的环境，生活力强，适应性广，耐寒，耐旱，在荫蔽处生长不良。生于山坡灌丛或疏林中、乱石堆、山路旁及村庄篱笆边，海拔最高达1 500米。

我国各省均有分布。金银花的种植区域主要集中在山东、陕西、河南、河北和湖北等地。朝鲜和日本也有分布，在北美洲成为难除的杂草。

4. 药用价值 药材选自金银花的干燥花蕾。于每年夏初花开放前采收，干燥；或用硫黄熏后干燥。呈棒状，长 2～3 厘米，直径 1.5～3 毫米，上粗下细，略弯曲。表面绿白或黄白色，密被短柔毛。规格分密银花、东银花和山银花。密银花和东银花分 4 个等级，山银花分 2 个等级。均以花蕾肥大、色青白、花冠较厚、握之有顶手感者为佳。

金银花为常用中药，性寒，味甘。功能清热解毒、凉散风热，用于痈肿疔疮、喉痹、丹毒、热血毒痢、风热感冒、温病发热。

（三十）党参

1. 基本介绍 党参，别名党参、黄参、防党参、上党参、狮头参和中灵草，为桔梗科党参属植物党参、素花党参或川党参的干燥根。党参为植物党参和中药材的统称。党参属植物全世界约有 40 种，我国约有 39 种，药用有 21 种、4 变种（图 7-30）。

2. 形态特征 草质藤本，有白色乳汁，具浓臭。叶卵形，长 1～6.5 厘米，宽 0.5～5 厘米，先端钝或微尖，基部近心形，边缘具波状钝齿，两面被疏或密的伏毛。花单生于枝端；花萼贴生至于房中部，上部 5 裂；花冠阔钟状，黄绿色，内面有紫斑，先端 5 浅裂；雄蕊 5，花丝花药近等长，雌蕊柱头有白色刺毛。蒴果短圆锥状。花期7～9 月，果期 9～10 月。

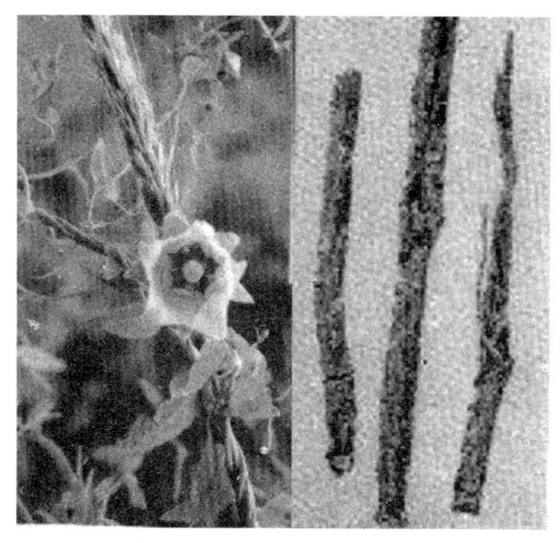

图 7-30　党　参

3. 产地分布　党参为多年生草质藤本。喜气候温和、夏季凉爽、空气湿润的环境。耐寒，栽培后根部在土壤中能露地越冬。对光照要求较严，幼苗喜阴、喜湿润，所以育苗期忌日晒，成苗后喜阳。党参要求土层深厚、土质疏松，以肥沃的沙壤土为最好。

在我国主要产于西藏东南部、四川西部、云南西北部、甘肃东部、陕西南部、贵州、宁夏、青海东部、河南、山东、山西、河北、内蒙古及东北等地区。全国各地有大量栽培。朝鲜、蒙古等地区也有。

4. 药用价值　药材选自党参的干燥根。每年于秋季挖，反复揉搓、晾晒至干。根长圆柱状，中下部有时分枝，长 15～40 厘米，直径 0.6～5 厘米。表面灰或灰棕色，有纵沟并疏生横长皮孔，上端 5～10 厘米，部分有较细密的环纹，根头具疣状突起的茎痕，习称“狮子盘头”，破碎处常有黑褐色胶状物。质稍硬，断面皮部黄白色，多裂隙，木部淡黄色。气微香，味甘。

主要化学成分含多糖类、酚类、甾醇、挥发油、维生素 B_1、

维生素 B_2，多种人体必需的氨基酸、黄芩素葡萄糖苷、皂苷及微量生物碱、微量元素等。性平，味甘。主要功效为补中益气，健脾生津。用于脾肺虚弱、气短心悸、食少便溏、四肢倦怠。

（三十一）益母草

1. 基本介绍 益母草，别名野麻、九塔花、山麻和红花艾，为唇形科益母草属植物益母草的全草，夏季开花（图 7-31）。其干燥地上部分为常用中药，我国大部分地区均产，生用或熬膏用。

图 7-31 益母草

2. 形态特征 一年生或二年生草本，高 0.3～1.8 厘米。茎方形，有倒生白毛。根出叶近圆形，叶缘5～9 浅裂，有长柄；中部叶掌状 3 深裂，侧裂片有 1～2 小裂；花序上的叶线状披针形，全缘或有少数牙齿，最小裂片宽 3 毫米以上。轮伞花序腋生，有花 8～15，多数远离而组成长穗状花序；小苞片针形，短于萼筒，有细毛；花萼钟形，外有毛，5 齿裂，前 2 齿靠合；花冠淡红色或紫红色，2 唇形，冠筒内有毛环，上唇外面有毛，全缘，下唇 3 裂，中裂片倒心形；雄蕊 4，二强，花丝被鳞毛。小坚果长圆状三棱形，平滑。花期 6～9 月，果期 9～10 月。

3. 产地分布 益母草喜温暖湿润气候，喜阳光，对土壤要求不严，一般土壤和荒山坡地均可种植，以较肥沃的土壤为佳，需要充足水分条件，但不宜积水，怕涝。生于野荒地、路旁、田埂、山坡草地和河边，以向阳处为多。为一杂草，生长于多种生境，尤以阳处为多，海拔可高达3 400米。在我国各地均有分布。

俄罗斯、朝鲜、日本等国以及非洲、美洲等地区也有分布。

4. 药用价值 药材选自益母草的干燥全草。夏季茎叶茂盛、花未开时采割，晒干或切段晒干。生用或熬膏用。

全草含益母草碱、水苏碱、芸香苷、延胡索酸，另含益母草碱甲、益母草碱乙等，花含益母草定碱。性微寒，味苦、辛。主要功效为活血调经，利尿消肿。用于月经不调、痛经、经闭、恶露不尽、水肿尿少以及急性肾炎水肿。

（三十二）石榴皮

1. 基本介绍 石榴皮，别名石榴壳、酸石榴皮和酸榴皮，为石榴科植物石榴的果皮（图 7-32）。

图 7-32 石榴皮

2. 形态特征 落叶灌木或小乔木，高 2～7 米。小枝常具四棱，顶端多为刺状。叶对生或丛生，倒卵形至长椭圆形长 2.5～6 厘米，宽 1～1.8 厘米，先端尖或微凹，基部渐狭，全缘；具短柄。花 1 朵至数朵，集生于枝顶，红色；花萼常 6 裂，革质，宿存；花瓣 6，皱缩；雄蕊多数；子房下位或半下位。果实球形，果皮革质，熟时黄色或红色，内具薄隔膜。种子多数，外种皮肉质酸甜可食。花期5～6月，果期7～8月。

3. 产地分布 生于山坡向阳处或栽培于庭园，我国大部分地区有分布。

4. 药用价值 石榴皮为石榴科植物石榴的果皮。秋季石榴果实成熟，顶端开裂时采摘，除去种子及隔瓤，切瓣晒干或微火烘干。干燥的果皮呈不规则形或半圆形的碎片状，厚2～3毫米。外表面暗红色或棕红色，粗糙，具白色小凸点；顶端具残存的宿萼；基部有果柄。内面鲜黄色或棕黄色，并有隆起呈网状的果蒂残痕。质脆而坚，易折断。气微弱，味涩。以皮厚实、色红褐者为佳。

石榴皮主要化学成分含石榴皮素、白桦脂酸、熊果酸和异槲皮苷等。性温，味酸、涩。主要功效为涩肠止泻、止血、驱虫，用于久泻、久痢、便血、脱肛、崩漏、白带、虫积腹痛。

（三十三）荆芥

1. 基本介绍 荆芥，别名香荆荠、线荠、四棱杆蒿和假苏，是唇形科荆芥属植物，为多年生植物（图7-33）。

图7-33 荆 芥

2. 形态特征 多年生植物。茎坚强，基部木质化，多分枝，高40～150厘米，基部近四棱形，上部钝四棱形，具浅槽，被白色短柔毛。叶卵状至三角状心脏形，长2.5～7厘米，宽2.1～4.7厘米，先端钝至锐尖，基部心形至截形，边缘具粗圆齿或牙齿，草质，上面黄绿色，被极短硬毛，下面略发白，被短柔毛但在脉上较密，侧脉3～4对，斜上升，在上面微凹陷，下面隆起；叶柄长0.7～3厘米，细弱。花序为聚伞状，下部的腋生，上部的组成连续或间断的、较疏松或极密集的顶生分枝圆锥花序，聚伞花序呈二歧状分枝；苞叶叶状，或上部的变小而呈披针状，苞片、小苞片钻形，细小。花萼花时管状，长约6毫米，径1.2毫米，外被白色短柔毛，内面仅萼齿被疏硬毛，齿锥形，长1.5～2毫米，后齿较长，花后花萼增大成瓮状，纵肋十分清晰。花冠白色，下唇有紫点，外被白色柔毛，内面在喉部被短柔毛，长约7.5毫米，冠筒极细，径约0.3毫米，自萼筒内骤然扩展成宽喉，冠檐二唇形，上唇短，长约2毫米，宽约3毫米，先端具浅凹，下唇3裂，中裂片近圆形，长约3毫米，宽约4毫米，基部心形，边缘具粗牙齿，侧裂片圆裂片状。雄蕊内藏，花丝扁平，无毛。花柱线形，先端2等裂。花盘杯状，裂片明显。子房无毛。小坚果卵形，几三棱状，灰褐色，长约1.7毫米，径约1毫米。花期7～9月，果期9～10月。

3. 产地分布　在我国主要产于新疆、甘肃、陕西、河南、山西、山东、湖北、贵州、四川及云南等地；多生于宅旁或灌丛中，海拔一般不超过2 500米。自中南欧经阿富汗，向东一直分布到日本，在美洲及非洲南部逸为野生。

4. 药用价值　药材选自荆芥的地上部分。每年夏、秋季花开到顶、穗绿时采割，除去杂质，晒干。

荆芥的主要化学成分含挥发油，油中主要有d-薄荷酮、dl-薄荷酮、1-胡薄荷酮、d-柠檬烯、荆芥苷A、荆芥苷B等。性微温，味辛。主要功效为解表散风、透疹。用于感冒、头痛、麻疹不透、疮疖初起。炒炭治便血、崩漏。

（三十四）白头翁

1. 基本介绍　白头翁为毛茛科植物，多年生草本，别名有奈何草、粉乳草、白头草、老姑草、菊菊苗、老翁花、老冠花和猫爪子花等（图 7-34）。

图 7-34 白头翁

2. 形态特征 多年生草本，高 10～30 厘米，全株密被白色绒毛。基生叶4～5，3 全裂，中央裂片通常有柄，3 深裂，侧生裂片较小，裂片倒卵形，先端常不规则 2～3 浅裂；叶柄长5～7 厘米，基部呈鞘状。花茎 1～2，总苞的管长 3～10 毫米，裂片条形；花单生，萼片 6，2 轮，蓝紫色；雄蕊多数。瘦果多数，聚成头状，宿存花柱羽毛状，长 3.5～6.5 厘米。花期 3～4 月，果期 4～5 月。

3. 产地分布 白头翁多生长在阳光充足、排水良好、土层深厚的沙质壤土或黏质壤土的地区。以山岗、荒坡及田野间比较多见。在我国主要分布于河北、辽宁、内蒙古、江苏和河南。

4. 药用价值 药材选自白头翁的根。于每年春、秋季采挖，除去泥沙，干燥。根呈类圆柱形或圆柱形，稍扭曲，长 6～20 厘米，直径 0.5～2 厘米。表面黄棕色或棕褐色，具有不规则皱纹或纵沟，皮部易脱落，露出白色的木部，有的有网状裂纹或裂隙，近根头处常有腐蚀的凹洞。根头部有白绒毛及鞘状叶柄残基。质硬而脆，断面皮部黄白色或淡黄棕色，木部淡黄色。气微，味微苦涩。

白头翁全草含原白头翁素；根含三萜类皂苷。性寒，味苦。主要功效为清热解毒、凉血止痢。用于热毒血痢、阴痒带下、痈疮等。

主要参考文献

陈艳，杨洁，等．2008. 青贮饲料的生产制作技术规范［J］．畜牧与饲料科学（2)：26-27.

东北农学院．1980. 家畜饲养学［M］．北京：农业出版社．

郭海燕，赵永秀，李树生．2006. 玉米青贮饲料制作技术［J］．内蒙古农业科技（12)：150.

郝力壮，等．2007. 青贮料的制备及应用技术［J］．畜牧与饲料科学（5)：60-61.

胡坚．1999. 动物营养学［M］．第4版．吉林：吉林科学技术出版社．

刘将军，胡源胜．2008. 优质青贮饲料制作技术［J］．现代农业科技（1)：180-181.

南京农学院．1980. 饲料生产学［M］．北京：农业出版社．

宋红军，等．2009. 青贮饲料制作的技术要点［J］．养殖技术顾问（1)：45.

王成章．1998. 饲料生产学［M］．郑州：河南科学技术出版社．

王占赫，陈俊杰，蒋林树，等．2007. 奶牛饲养管理与疾病防治技术问答［M］．北京：中国农业出版社．

吴景刚，冯源，黄庆辉．2006. 饲料青贮技术与设施［J］．农机化研究（7)：44-45.

张子仪．2000. 中国饲料学［M］．北京：中国农业出版社．

赵义斌，译．1992. 动物营养学［M］．兰州：甘肃民族出版社．

朱碧毅，张恒．2008. 青贮饲料制作技术要领［J］．畜牧兽医杂志（6)：27.

图书在版编目（CIP）数据

奶牛粗饲料实用技术手册/蒋林树，陈俊杰，张良主编．—北京：中国农业出版社，2014.4
ISBN 978-7-109-19090-0

Ⅰ．①奶…　Ⅱ．①蒋…　②陈…　③张…　Ⅲ．①乳牛—粗饲料—配制—技术手册　Ⅳ．①S823.95—62

中国版本图书馆 CIP 数据核字（2014）第 070743 号

中国农业出版社出版
（北京市朝阳区农展馆北路 2 号）
（邮政编码 100125）
责任编辑　李文宾　冀　刚

中国农业出版社印刷厂印刷　　新华书店北京发行所发行
2014 年 12 月第 1 版　　2014 年 12 月北京第 1 次印刷

开本：850mm×1168mm 1/32　　印张：8.5
字数：216 千字
定价：19.80 元